Benoît R. Sorel

L'AGROÉCOLOGIE

Une agriculture biologique artisanale et autonome

-

COURS TECHNIQUE

2e ÉDITION

- BoD -

DU MÊME AUTEUR

Savoir-faire

    L'élevage professionnel d'insectes

    La gestion des insectes en agriculture naturelle

    L'agroécologie : cours théorique

    L'agroécologie : cours technique

    Les cinq pratiques du jardinage agroécologique

Essais

    NAGESI. Nature, société et spiritualité

    Réflexions politiques

    À la recherche de la morale française

    L'agroécologie c'est super cool !

    T.1 Quand la nuit vient au jardin – les émotions déplaisantes en agroécologie

    Sens de la vie et pseudo-sciences

    T. 2 Le bonheur au jardin

    Pensées cristallisées

Nouvelles

    L'esprit de la nuit

    Les secrets de Montfort

    Fulgurance

    Saint-Lô Futur

SITE INTERNET

http:\\jardindesfrenes.com

SOMMAIRE

1 **INTRODUCTION**	1
2 **CARACTÉRISTIQUES DU JARDIN**	3
Plan d'ensemble	3
Sol et végétation spontanée	4
Historique	6
Où cultiver ?	6
3 **QUE FAIRE DU PETIT BOIS DE TAILLE ?**	7
Créer ou reformer des talus avec le petit bois	8
Pailler les planches des futurs arbustes fruitiers	8
Faire des tours à insectes dans les zones « tampon »	8
Agroécologie versus tradition	8
4 **LES ZONES DU JARDIN : FONCTIONS ET DÉLIMITATIONS**	10
Matériel de délimitation	10
Dimensions des allées et chemins	10
Dimensions des planches cultivées	11
Quelle surface totale cultiver ?	12
Les zones tampon : taille et nombre	13
5 **INTERLUDE THÉORIQUE : VIVE SIMON !**	14
6 **PRÉPARER LE SOL**	15
Au départ d'une prairie ou d'une jachère	15
Les erreurs du débutant	18
Erreur de paradigme	19
Un brin de fainéantise chèrement payé	19
Et les planches trop « sales » ?	21
À partir de la première année de culture	21
Du bon usage de la grelinette	22
Du bon usage du motoculteur	22
Du bon usage de la bâche noire	23
Amendements	23
Autres outils manuels	24
7 **DATES DE SEMIS ET DE PLANTATION**	26
Cultures	26
Engrais verts	26
8 **PRENDRE SOIN DU SOL**	27
Le paillage de printemps	27
Le paillage d'automne	28
Le mulch et la lutte contre les rongeurs	28
Retour d'expérience : la qualité du sol	30
Constat après des cultures sans rotation et sans travail du sol	30
Constat lié à la nature du sol et à la météo annuelle	30
9 **TONTE ET FOIN – GÉRER LES ALLÉES ET LA PRAIRIE**	32
Et le secret de SIMON ?	32
Les allées toujours fertiles	33
Principe	33
Organisation des tontes	33
Avantages des allées enherbées	34
Inconvénients des allées enherbées	35
Rythme de tonte	35
La prairie toujours fertile	35
Objectif de la gestion agroécologique d'une prairie	35
Principe	36
Technique	36
Retour d'expérience	37
Le bon geste du faucheur	38
10 **LES CONDITIONS D'UNE FERTILITÉ DURABLE**	40
Quelle fertilité pour qui ?	40
Pas d'épuisement du sol, c'est certain ?	41
Assurer la fertilité à court terme	41
À moyen terme	41
À long terme	41
Et les engrais verts ?	42
Et les animaux ?	42
11 **LES LIMITES DE MON SYSTÈME AGROÉCOLOGIQUE**	43
Les Limites du paillage	43
Limites climatiques et géographiques	44
Agroécologie, agriculture traditionnelle et simplicité	45
12 **AGROÉCOLOGIE DE BASE : CONDUITE DES CULTURES**	45
Préparation d'une planche : explications supplémentaires	46
Salade	47
Courgettes de plein champ	48
Mâche	48
Fèves	48
Fèves de plein champ	48
Fèves sous serre	49
Melon	49
Haricots	50
Haricots nains mange-tout	50
Haricots grimpants	50
Après-culture	50
Pois	50
Chou-fleur	51
Semis et plantation	51
Aparté : le chou-fleur humaniste	51
Retour aux choux-fleurs	52
Après culture	52
Choux d'hiver	53
Poireaux	53
Betterave	54
Carotte	54
Pomme de terre	55
Fraisiers	56
Courges	58
Cassis et groseilles	58
Cassis et groseilles à grappes	58
Groseilles à maquereau	59
Mûres et framboises	59
Arbres fruitiers	59
13 **AGROÉCOLOGIE AVANCÉE : COMBINAISONS CULTURES–ENGRAIS VERTS**	60
Constatations intrigantes	60
Après les cultures de choux et de courgettes	60

Après les haricots nains 60	Terrestres 91
« L'illumination » 61	Aériens 91
Les principes de l'agroécologie avancée 62	**17 Du respect de la nature** **92**
Les techniques agroécologiques avancées 67	Le temps long de la nature 92
Le principe des combinaisons culture –	La sensibilité envers le vivant 93
engrais vert 67	**18 Les « mauvaises herbes » et l'avenir** **95**
Combinaison courgette-phacélie 67	Les inoffensives 95
Combinaison chou d'hiver – radis oléifère 68	Grande oseille des champs et petite oseille
Combinaison navets d'hiver – poacée 68	des champs 95
Combinaison légumineuse – engrais vert 69	Chiendent 95
Combinaison chou-fleur-chénopode (essai !) 69	Ortie 96
Combinaison fèves-sarrasin 70	Les envahissantes 96
Combinaison engrais verts-haricots-courges 70	La renoncule rampante 96
Choix des engrais verts combinés 70	Le liseron 96
Et les combinaisons avec les petits fruitiers ? 71	Le lierre terrestre 97
Ne pas enfouir les engrais verts ? 71	L'avenir du jardin en question 97
Les incombinables 72	La peur ontologique des mauvaises herbes 97
Évolution des techniques à moyen-terme : le	Trois voies s'offrent à nous 98
champ des possibles 72	De l'impermanence de la nature à la créativité
14 Semences et semis **76**	technique 100
Faire des semences 76	**19 Le matériel de culture** **101**
Faire les semis 76	Pour couper l'herbe 101
15 Organisation **77**	Pour préparer le sol 101
Dates de travail du sol 77	Pour semer 102
Plans du jardin 77	Serre 104
Rotations 79	Tunnel 105
Légumineuses et engrais verts 80	Filets anti-oiseaux 105
Tableau des semis et des semences 82	Tuteurs 106
Calendrier de travail 84	Silo à terreau maison 106
Les contre-temps 85	**20 Techniques et commerce** **107**
16 Gérer les nuisibles **85**	**21 Faire les comptes** **109**
Les campagnols 85	**22 Conclusion** **110**
Quels légumes affectionnent-ils ? 85	**23 Annexes** **114**
Où vivent les campagnols ? 86	Problèmes de culture et voies de l'innovation 114
Comment circulent-ils dans le jardin ? 86	Les purins de plantes : des effets démontrés ? 118
Comment réduire les dégâts ? 86	Masanobu Fukuoka expliqué 120
Les taupes 88	Synthèse de la pensée de Fukuoka 121
Les mulots 89	Retour aux définitions 123
Bisou bisou les mignons ! 89	L'expérience de Fukuoka 124
Les limaces 90	
Les autres ravageurs 91	

1 INTRODUCTION

La théorie dit le *quoi* et le *pourquoi*, la technique dit le *comment*. Comment pratique-t-on l'agroécologie ? En utilisant toute une panoplie de techniques. Quelles techniques, à quels moments, en quels endroits ? Je vous propose de démarrer par le commencement et de procéder chronologiquement, c'est-à-dire depuis le moment où l'on dispose d'un terrain « vierge » jusqu'au moment de faire les premières récoltes, trois années plus tard. Ici je ne reviendrai pas sur les justifications scientifiques, économiques, psychologiques et historiques de l'agroécologie, qui sous-tendent mes choix techniques : tout ceci est décortiqué dans le cours théorique d'agroécologie.

Très modestement, je vous présente dans ce livre le fruit de ma propre expérience dans mon jardin, situé en Basse-Normandie dans le petit village de Saint Jean de Daye. J'ai choisi de l'appeler le *jardin des frênes*, car autour j'ai replanté des frênes pour les tailler en têtard selon la tradition. Mais aussi parce que le frêne est un arbre *humble*, qui me rappelle chaque jour que l'humilité doit être la première qualité du jardinier, en particulier du jardinier agroécologiste.

Depuis la première édition de cet ouvrage en 2015, j'ai créé mon entreprise agricole sur la base de ce seul jardin. Je suis enregistré comme cotisant solidaire, ne payant qu'environ 300 € annuellement à la mutualité sociale agricole ; en contrepartie mon temps de travail ne doit pas excéder 1200 heures annuelles. Mon chiffre d'affaires annuel se situe autour de 4000 €. J'ai donc atteint l'objectif que je m'étais fixé. Durant les mois d'automne et d'hiver, je m'adonne à une autre activité, l'écriture, qui complète mes revenus.

Comme tout métier, cultiver des fruits et des légumes s'apprend en pratiquant. Connaître et comprendre la théorie ne permet rien. Comptez au moins trois années de pratique pour arriver à quelque régularité dans la production, et confirmer votre niveau … d'apprenti ! L'agroécologie, pratiquée professionnellement, est un vrai métier, et pas une mode pour citadin en mal de nature et de petits oiseaux. Les techniques que je vais vous présenter ne sont pas toutes évidentes, ne serait-ce que le maniement des outils qu'il faut apprendre. Et, par exemple, il faut au moins trois années d'observation pour percevoir comment chaque culture laisse la terre après elle. Efforts, patience et persévérance… Si l'agroécologie était un jeu d'enfant, ce serait une mode que l'on aurait déjà oubliée. L'agroécologie est sérieuse, mais joyeusement sérieuse.

Avant d'entrer dans le vif du sujet, je vous rappelle deux points théoriques majeurs.

I. *Les objectifs de l'agroécologie sont les suivants : pas d'intervention directe sur les plantes, un sol couvert et vivant d'un bout à l'autre de l'année et autonomie.* Ces objectifs ne doivent pas être compromis, au risque de décrédibiliser votre projet de jardin aux yeux de votre entourage (« ce qu'il fait n'a ni queue ni tête, il n'a pas de vision à long terme, etc. ») et pour vous-mêmes : vous risquez de céder à la facilité, au lieu d'apprendre à vous adapter et à devenir créatif[1]. En compromettant ces objectifs vous aurez un jardin qui sera un peu de tout : un peu d'agriculture bio, un peu de jardinage traditionnel, un peu de permaculture, un peu d'agroécologie, un peu de conventionnel intensif. Avec l'expérience dont

---

1 Alors que c'est dans la créativité et dans la capacité à s'adapter, pour surmonter les difficultés et pour innover, que réside le cœur de l'agroécologie. Comme tout vrai métier.

je dispose, je crois que ce mélange rend plus difficile de trouver la cause des problèmes de culture. Et je crois que cela entrave le jardin lui-même : le jardin ne va pas pouvoir bien fonctionner « comme un tout », comme une unité. C'est-à-dire que les « résidus » de l'utilisation d'une technique ne pourront pas servir de matériau de base pour une autre technique (créant cet effet « le tout est plus que la somme des parties). Ou que les boucles de rétroactions entre les prédateurs naturels et les ravageurs seront faibles ou intermittentes. C'est surtout l'objectif d'autonomie qui va vous permettre de concevoir le jardin comme un tout : un ensemble de plantes, d'animaux et de sol, qui interagissent entre eux, et dont les conséquences de ces interactions seront la fertilité pérenne du jardin, la production fiable d'une année sur l'autre (tempérance des extrêmes climatiques) et l'absence de maladie. Alors que si vous importez des engrais, du fumier, du BRF ou autres amendements, vous ne pourrez pas percevoir l'unité du jardin. Vous ne pourrez pas percevoir son identité, de la même façon qu'on n'est pas soi-même si pour être en forme on avale chaque jour des vitamines.

Pratiquer l'agroécologie sérieusement, avec cohérence et persévérance, permet aussi aux scientifiques de s'y intéresser. Et les scientifiques mettent à disposition des jardiniers agroécologistes des savoir-faire adaptés à la petite échelle de travail qui caractérise l'agroécologie. Cette *science pour l'artisanat agricole*[2] rend plus vraisemblable la coexistence à long terme de l'agroécologie, artisanale, aux côtés de l'agriculture industrielle. Sinon les pratiquants de l'agriculture industrielle, bio ou conventionnelle, accusent sans relâche l'agroécologie d'amateurisme. Ce qui n'est pas le cas, bien sûr.

II. Second point théorique : *à partir des connaissances scientifiques en écologie sont dérivés les principes agroécologiques.* Notamment le principe du cycle de la matière organique. Et chaque principe est mis en pratique en tenant compte des particularités locales du jardin : nature du sol, climat, environnement… ainsi que de l'expérience du jardinier. Il n'existe pas de technique agroécologique universellement valable. La prise en compte des particularités locales requiert de la part du jardinier une nécessaire créativité.

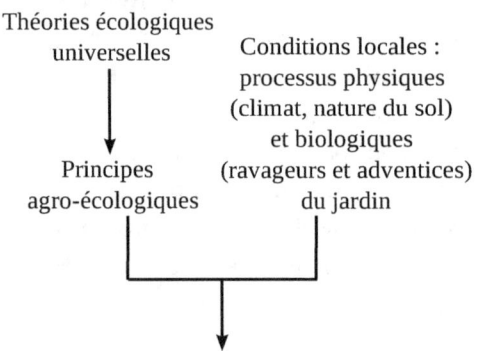

Ce livre, exhaustif, pourrait laisser penser que les techniques qu'il contient ne peuvent pas être fiables, les « vraies » techniques, celles qui sont certaines et efficaces, constituant un secret professionnel que les agroécologistes n'auraient pas intérêt à divulguer. Cette façon très commerciale de penser est erronée : les techniques ici présentées ont été testées et elles sont au cœur de l'agroécologie. S'il existe un secret intransmissible en agroécologie, c'est simplement celui de l'expérience du jardinier, en nombre d'années, quant à ses gestes et son organisation. Intransmissible est aussi ce que le jardinier ressent

---

[2] À l'instar des fermes agroécologiques « push – pull » développées au Kenya, au cours d'un processus collaboratif réunissant, sans intermédiaire (ingénieur, techniciens ou « conseillers » agricoles), des scientifiques et des paysans.

quand il est chaque jour au contact des plantes, de la terre et du ciel. *En fonction de votre sensibilité vis-à-vis de l'état des plantes et de la terre, vous pourrez utiliser certaines techniques et pas d'autres.*

*Note : dans cette 2ᵉ édition, je fais précéder d'un **Exp. 5+** mes commentaires après cinq années d'expérience.*

2 CARACTÉRISTIQUES DU JARDIN

PLAN D'ENSEMBLE

Pour démarrer votre projet, un plan réalisé à la main sur la base du plan cadastral suffit amplement ! Par la suite, vous pourrez faire un plan vectoriel sur ordinateur, à l'échelle, comme celui-ci, avec le logiciel très pratique et gratuit Inkscape.

Ceci est le plan de mon jardin après 6 années de culture.

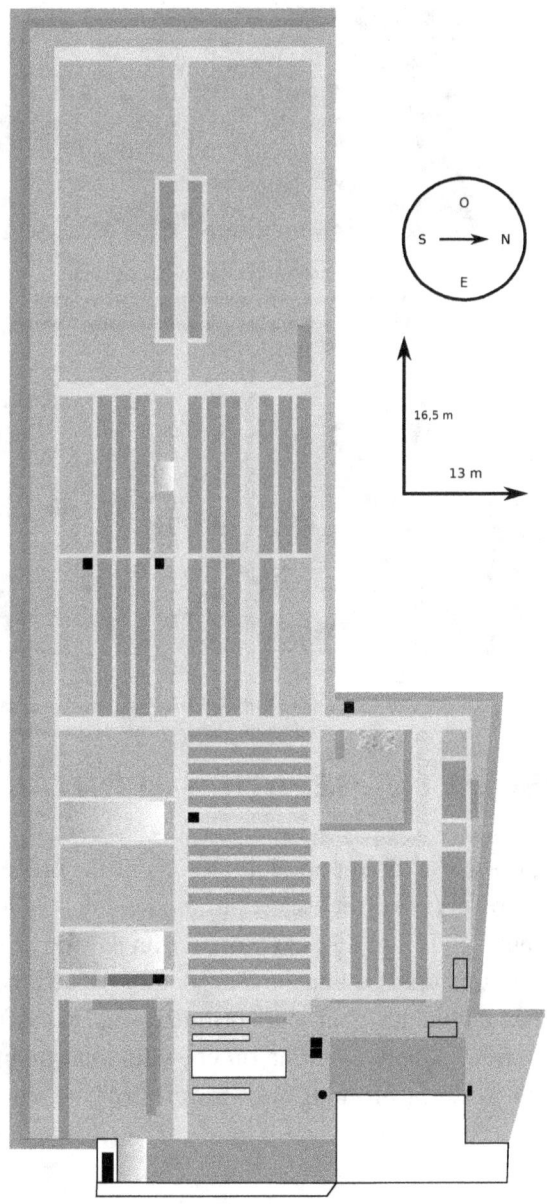

Légende :

Bleu : fossé
Gris : haie
Vert foncé : prairie
Vert clair : allée
Marron : planche cultivée
Jaune sombre : zone tampon
Jaune clair : chambres à semis
Dégradé : serre
Noir : cuve à eau
Violet : composteurs
Blanc : cour, divers
Rouge : bâtiments

Longueur : 120 m
Largeur : 50 m

La prairie, à la date d'achat du terrain. Comment la faucher, avec quel matériel et sans expérience ?

Une fois les cultures lancées - des engrais verts (moutarde, sarrasin, phacélie, sorgho), le terrain commence à ressembler à un jardin.
Notez les ondulations du terrain, bien visibles. Ne les arasez pas : elles ont leur utilité !

Ne pas négligier les dépendances : même inesthétiques, elles sont indispensables pour entreposer le matériel et installer une table à semis.

Voilà un terrain rectangulaire, rationnnel, plat. C'est le terrain de tous les possibles, même si son apparence est austère durant les premières années.

Vue d'ensemble (2014). Par la suite la serre sera implantée à droite des composteurs verts. Photo prise en hiver : on distingue les planches recouvertes de foin. Prairies, allées et zones tampon sont tondues.

SOL ET VÉGÉTATION SPONTANÉE

Le sol est dit superficiel : à -15 cm de profondeur on trouve de la terre argileuse dont on se servait autrefois pour réaliser les murs des maisons traditionnelles. Par endroit cette couche démarre à seulement à -10 cm ! À -25 cm environ se trouve une fine couche de dragées de quartz. À -30 cm démarre une très épaisse couche d'argile pur jusqu'aux profondeurs – les communes des environs étaient par le passé connues pour leurs briqueteries. En surface la terre végétale est fine et riche en argile. Elle est très lourde, collante comme du chewing-gum quand elle est gorgée d'eau, et elle se réchauffe uniquement à partir de la mi-mai. Tout travail profond du sol est à proscrire, sous peine de faire remonter l'argile.

Certains champs environnants ont été labourés au tracteur par le passé. Aujourd'hui, ils ne sont plus bons qu'à de la prairie, la couche superficielle de terre ayant disparue, mélangée dans l'argile inépuisable. Mon outil qui travaille le plus profondément la terre est la grelinette : ses dents atteignent 20 cm de profondeur. Aussi dois-je faire attention à ne jamais l'enfoncer à fond. Mon petit motoculteur travaille la terre sur une profondeur maximale de 15 cm. Cela est tout à fait suffisant pour les carottes et les autres légumes-racine.

Bien que d'un seul tenant, on distingue six zones dans mon terrain : une prairie, un ancien jardin, un jardinet totalement empierré côté route, un bord de fossé derrière les dépendances, une cour et 150 m linéaires de haies avec fossés et talus. La surface totale est de 5400 m², dont la prairie de 4200 m², l'ancien jardin de 600 m² et un ensemble de bâtiments et cour sur 600 m². La prairie est vigoureuse, typique de la Normandie, de laquelle je tire de la tonte et du foin en abondance pour pailler et nourrir le sol entre les cultures et après les cultures.

Voyons plus précisément les caractéristiques du sol. En fait, j'ai pas moins de six sols différents sur mon terrain !

- Ancien jardin (500 m²) : 40 cm de bonne terre noire, car elle a vraisemblablement été fumée tous les ans, depuis des générations. Mais elle est très lourde, car elle résulte d'un mélange avec la première couche d'argile.
- La prairie :
  - petites zones de terre noire multiples, certainement là où se trouvaient auparavant les racines des pommiers,
  - moitié Est du champ, à l'ombre des haies : la terre est claire et très maigre (sans humus),
  - au fond des ondulations se trouve de la terre épaisse avec plus d'humus,
  - sur le haut des ondulations la terre est peu épaisse et pauvre en humus.
- Entre la prairie et l'ancien jardin existait un fossé. Il a été busé et comblé d'argile pure et de cailloux. Cette « terre » a été étalée sur environs 3 mètres de large côté jardin : il est donc impossible de cultiver quoi que ce soit.
- Entre la maison et la route, le sol de l'ancienne cour est inutilisable. Il fut recouvert intégralement de cailloux, sur une sous-couche de brique concassée jusqu'à l'argile. Le travail du sol est tout à fait impossible. Les deux frênes que j'y ai planté n'arrivent même pas à pousser.
- Enfin, derrière les dépendances, orientation à l'Est, j'ai une petite langue de terre hydromorphe, envahie de prêle et bordée d'un fossé. Là aussi, je ne puis rien faire : ce ne sont que des cailloux et des briques concassées jusqu'à la première couche d'argile.

Le devant des dépendances, sur une largeur de dix mètres, est également incultivable : aussi des cailloux et des briques concassées. Dans l'ancien jardin, désagréable surprise, j'ai découvert sous 10 centimètres de terre les restes de l'ancienne allée centrale, bordée de briques et remplie de gravier. Il m'a fallu enlever tout ça à la pioche !

Ces caractéristiques de départ – prairie sur terre superficielle sur argile – imposent certaines techniques et en proscrivent d'autres. Mes techniques ne valent que pour mon terrain. Elles ne vaudraient même pas pour un terrain géographiquement proche si celui-ci était dépourvu de prairie. Des pentes marquées imposeraient d'autres techniques. Et si le jardin était associé à un grand élevage de poules ou à un verger de 1000 m² ou plus, d'autres techniques encore s'imposeraient… Il n'existe pas de technique universelle en agroécologie : tout est affaire d'adaptation. Seuls les principes agroécologiques sont universels. Comme l'a dit Pierre Rabhi aux moniales de l'abbaye de Solan : « Il faut partir de ce qu'on a ».

Poussent spontanément : grande et petite oseille, renoncule rampante, liseron, ronces, bleuet, pissenlit, chardons, chiendent, chénopode blanc, orties, mouron rouge, mercurielle, lamier. C'est une végétation à fort système racinaire, caractéristique des terres lourdes.

HISTORIQUE

J'ai pu retracer quelques éléments de l'histoire du terrain. La taille de la prairie (4200 m^2) correspond à une acre, soit la surface que pouvait travailler en une journée un char à bœuf. Sa largeur de 32 m correspond à environ 6 hâtes, c'est-à-dire 6 × 5 mètres, 5 m étant la largeur qui peut être recouverte en jetant des semences à la main. J'en ai déduit que cette prairie était à l'origine cultivée, et que sa taille a donc été déterminée avant l'apparition des tracteurs. L'absence de cailloux en surface, malgré la première couche d'argile avec dragées de quartz à -15 cm, atteste que les pierres ont été systématiquement enlevées. J'en ai retrouvé de grandes quantités dans les restes des talus. Les cultures furent arrêtées, je ne sais pas quand. Le champ fût mis en prairie pâturée, les dépendances ont accueilli des animaux, et la maison actuelle était peut-être aussi une étable. Le champ fut en tout cas planté de pommiers dans les années 1980. Ils furent arrachés en 2004. Depuis cette date, le champ n'a reçu aucun entretien hormis le fauchage et la récolte du foin deux fois par an. Vraisemblablement, aucun fumier n'y a été épandu depuis longtemps, la couche de terre arable ne dépassant pas 5 cm dans la moitié Ouest et 2 ou 3 dans la moitié Est ! (je suppose que l'épandage de fumier aurait induit une épaisseur plus importante). Du fait du passage répété des tracteurs, la terre est considérablement tassée à la date d'achat (2012).

Saint Jean de Daye est situé sur un plateau argileux. Le sol de mon terrain fut travaillé en ondulations par les anciens, quand les cultures furent arrêtées. Ces ondulations, d'une largeur de huit mètres environ, créent un mouvement de l'eau malgré l'absence de pente. Ainsi l'eau est amenée à s'évacuer dans les fossés entourant le terrain. Sinon, le terrain étant totalement plat, l'eau stagnerait. Cette technique de création d'ondulations était courante pour les prairies sans relief et au sol lourd : on peut la voir assez souvent en Normandie des marais et aussi dans la Sologne des marais (où j'ai fait ma formation à la ferme de Sainte-Marthe). Réfléchissez bien avant de les araser : elles ne sont pas déraisonnables.

OÙ CULTIVER ?

La prairie et l'ancien jardin se prêtent à l'agriculture. À moins de racler le jardinet entre la maison et la route pour en enlever tout le 20/40 et les briques concassées puis faire revenir trois bennes de terre, je ne pourrais rien en tirer. Je décide de faire de la partie Ouest du champ, là où la couche d'humus est la plus mince, une prairie plantée d'une quinzaine d'arbres fruitiers. Même débutant, je peux voir que rien n'arrivera à pousser là que de l'herbe : un inconvénient qui se transformera en avantage, car de là viendra la plus grande partie du foin. La partie Est du champ, avec la couche de terre arable la plus épaisse, sera cultivée.

L'avantage de la prairie est son ensoleillement maximal et son orientation. Mais elle est battue par les vents de toute direction. En Normandie pluvieuse, cela peut toutefois être un avantage. Hélas les années 2016, 2017 et 2018 furent particulièrement sèches, et je regrette que mes haies ne soient pas plus denses et hautes.

3 QUE FAIRE DU PETIT BOIS DE TAILLE ?

Une haie qui menace de
s'effondrer ? Taillons, taillons !
Et voilà encore des m3
de petit bois ...

L'ancien poulailler, retrouvé sous les frondes
des ronces ! Mais que faire des ronces coupées ?

Dans la cour empierrée, la nature a repris ses droits.
Petit bois, petit bois, encore, encore ...

Que faire de 6 mètres cube de bois,
restes d'une haie arasée par le précédent
propriétaire ? Les transformer
en vingt mètres linéaires de talus
par exemple !

L'arbre abattu afin de refaire le fossé. Son sort ?
Le plus gros servira pour se chauffer, le petit bois finira en talus.

Des mètres et des mètres de talus ! Voilà quoi faire du petit bois de taille
et des ronces. Inutile de les porter en déchetterie.
Les plus courageux en feront même des murs, le tout empilé et bien tassé
derrière du grillage de 2 m de hauteur.

Créer ou reformer des talus avec le petit bois

À l'achat de la maison, il a fallu enlever d'importantes quantités de ronces et de fourrés sauvages, dont on a retrouvé des racines jusqu'à l'intérieur de la maison ! Je me suis retrouvé avec des tas et des tas de petit bois… Impossible de transporter tout ça à la déchetterie – car porter à la déchetterie est un réflexe pour le citadin que j'étais. Mais ce n'est pas agroécologique du tout : qui dit autonomie dit zéro export.

Pour délimiter un enclos et pour recréer un talus de haie arasé (talus qui en même temps sert à délimiter la propriété), j'ai donc utilisé tout ce petit bois qui ne peut pas être utilisé pour le chauffage. Je l'ai simplement coupé à la cisaille et posé sur le sol, les branches toutes dans la même direction. Petit à petit, il se décompose, et il faut en remettre au moins tous les deux ans, avec les tailles de haie qui ne peuvent pas servir comme bois de chauffage ni comme tuteurs. Depuis cinq ans, à chaque hiver je « recharge » ces talus en petit bois de taille, et leur hauteur reste la même ! Preuve qu'il se décompose. Un talus est même devenu la maison d'un hérisson, chouette !

Pailler les planches des futurs arbustes fruitiers

Avec le feuillage et les branches fines d'un frêne abattu par nécessité, j'ai recouvert les endroits où j'ai prévu de planter des mûriers et des framboisiers. Le sol de ces planches ne sera pas travaillé. Cet arbre faisait environ 10 mètres de hauteur, et les fines branches n'ont permis de recouvrir que 16,5 m^2. C'est beaucoup, mais pas tant que ça ! Je n'ai pas transformé ces branches en BRF – la location d'une machine à BRF m'est trop coûteuse.

Exp. 5+ Trois années plus tard, tout ce petit bois s'est complètement décomposé au pied des mûriers ; je ne doute pas qu'il a participé à améliorer la terre désormais noire et grumeleuse. Donc : le bois se décompose bien, mais il ne faut pas être pressé.

Faire des tours à insectes dans les zones « tampon »

3 m^3 de petit bois de taille sont transformés en huit « tours à insectes », deux par zone tampon. Elles servent de refuge pour les coccinelles, pour les larves des carabes et pour les orvets, deux consommateurs de limaces. La réduction de volume est importante : « ça part vite »! Et avec le temps, la taille des tours diminue, de moitié en deux ans. Donc au départ, ne pas hésiter à les faire hautes de 60-80 cm.

Exp. 5+ Tout comme le « mur » de petit bois, les usages à la verticale du bois semblent à priori être une bonne chose : gain de place et utilité écologique. Les hérissons apprécient, c'est certain, mais les campagnols tout autant ! Ces terribles ravageurs se reproduisaient en toute tranquillité au beau milieu de mon jardin, bien protégés des chats à l'intérieur de la tour à insectes. Je me suis finalement résolu à les enlever ; elles étaient par ailleurs trop humides en hiver pour permettre aux insectes d'y passer la mauvaise saison.

Agroécologie versus tradition

Ces utilisations du petit bois semblent enfantines, pour ne pas dire naïves. Mais lors des remembrements, « traditionnellement » on arrachait les haies, on comblait les fossés (ou on mettait un drain) et on ne valorisait pas le petit bois sur place. On le brûlait. À cette date, les remembrements se poursuivent en Normandie, à cause du très faible nombre d'agriculteurs, qui ne peuvent plus entretenir les haies ni les valoriser en bois de chauffage ou bois d'œuvre. Le bocage se transforme en plaine céréalière lentement mais sûrement... Le colibri est tout petit, mais il fait sa part, comme vous savez. Tchip ! Tchip !

Le carbone est la molécule de la vie. Donc, comme le martèle Claude Bourguignon, il ne faut pas transformer le carbone du bois en fumée. Il faut que ce carbone reste dans un état organique. Il faut le donner aux xylophages, aux bactéries, aux champignons, etc, toutes ces petites bêtes du sol qui le transforment en humus, point de départ des cycles de vie. Et pour cela, rien de plus simple que de le poser sur le sol.

Exp. 5+ Notez que les tailles de résineux et de laurier-palme se décomposent très lentement. Cinq années plus tard, certaines sont encore visibles. Notez aussi que certaines essences « reprennent », c'est-à-dire font des racines à partir du moindre petit bout de branche, surtout si l'hiver est doux et humide. Eh oui, ce que je vous propose n'est pas totalement satisfaisant. Bienvenue en agriculture ! Il n'y existe aucune solution parfaite. Autant s'y habituer dès le départ.

Un remembrement. Talus et haies sont arasés, et les fossés seront comblés.

Deux "tours" de petit bois pour loger les petites bêtes. Hélàs, ce souci de la biodiversité est, dans cette forme, une "fausse bonne idée". Les campagnols y proliféreront.

Un anneau de petit bois autour des jeunes arbustes fruitiers permet de bien les discerner, de calmer l'herbe qui tend à les étouffer et d'améliorer la terre.

4 LES ZONES DU JARDIN : FONCTIONS ET DÉLIMITATIONS

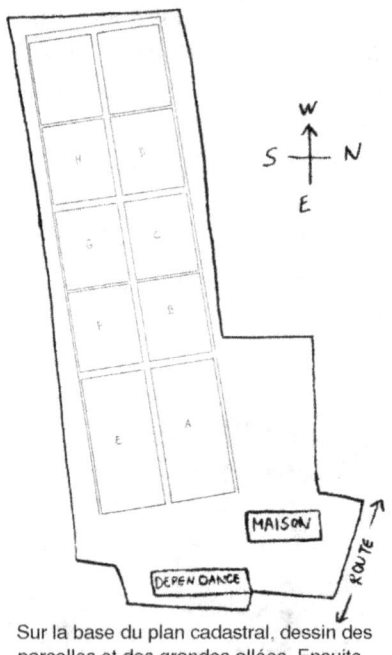

Sur la base du plan cadastral, dessin des parcelles et des grandes allées. Ensuite, il s'agit de parvenir à reproduire ce plan ! Plus facile à dire qu'à faire...

La délimitation est le point de départ pour réaliser un jardin, dont on aura fait au préalable le plan sur papier ou à l'ordinateur (avec les logiciels Libre Office Draw ou Inkscape par exemple). Délimiter prend plus de temps que l'on ne pense, surtout quand on travaille seul ! Il faut d'abord fixer des points de repère, ce qui n'est pas évident quand la forme du terrain est irrégulière. Dans mon terrain rectangulaire et uniforme, j'ai commencé par fixer un axe central, à partir duquel j'ai organisé les parcelles, les planches et les grandes allées.

Exp. 5+ Faut-il chercher une harmonie dans le dessin général du plan ? Fixer d'abord les axes et les centres implique, nécessairement, d'y adapter ensuite les dimensions de vos planches de culture. Est-il plus judicieux de faire l'inverse, c'est-à-dire de décider d'abord des dimensions des planches, puis d'y adapter ensuite les autres éléments ? J'aurais pu faire des planches toutes longues de 25 mètres et toutes orientées est-ouest. Le plan général du jardin aurait été encore plus rationnel. Et mon travail aurait été encore plus rationnellement organisé. Mais l'allée centrale me donne le sentiment de mieux maîtriser mon grand jardin de 5000 m². Il m'est mieux visible d'un seul coup d'œil ; toutes les planches de culture me semblent également proches. Cela me met en confiance. Donc aujourd'hui je ne regrette pas ce choix d'agencement, même s'il n'est pas tout à fait rationnel.

MATÉRIEL DE DÉLIMITATION

Pour délimiter les parcelles, les grandes allées, puis les planches et les chemins, il faut de la ficelle sur un enrouleur, un décamètre, des tuiles lourdes ou des pierres, des piquets et une tondeuse. Les angles droits sont à vérifier en égalisant la longueur des diagonales ou en utilisant la règle du 3-4-5 (un triangle avec des côtés de 3, 4 et 5 m est un triangle rectangle). Pour tendre le cordeau sur de très grandes longueurs, il peut être utile d'utiliser le « nœud du camionneur » (trucker's hitch en anglais) ou tout autre système de nœud qui permet de réaliser un petit système de poulie avec la corde même. Le nœud du camionneur est également indispensable pour tendre les fils de Deltane ® des serres sans avoir besoin de fil de fer pour le fixer aux arceaux.

DIMENSIONS DES ALLÉES ET CHEMINS

Les grandes allées font 1,50 m de large et les petites allées entre les planches 0,50 m, car ma tondeuse a une largeur de coupe de 50 cm, tout simplement ! Les grandes allées servent avant à tout à me permettre de parcourir rapidement le jardin, et à y faire circuler un chariot de maraîcher à deux roues (largeur 1 m). La grande allée centrale fait aussi 1,50 m de large, mais je n'y ai pas accolé la serre : j'ai laissé un espace total de 2,50 m entre la serre et les planches de culture, au cas où il faudrait dans le futur, pour une raison ou une autre, y faire passer un tracteur.

DIMENSIONS DES PLANCHES CULTIVÉES

Cordeau, piquets et vieilles tuiles sont les première "pierres" du jardin.

Dans les zones tampon, je pose un morceau de bois que je recouvre d'une tuile. Dans l'espoir que des petites bêtes en fassent leur terrier. Mais ça ne donnera rien, et je finirai par les enlever.
Par contre le bidon de 25L coupé et enterré semble maintenir grenouilles et crapauds dans le terrain.

L'allée centrale du jardin. 1,50 m de large. Si si ! Elle est bien là. Le jardin onirique est devenu jardin virtuel, et maintenant jardin réel.

Les zones tampon ne doivent pas être paillées ! Elles doivent représenter la végétation naturelle de la prairie. Elles ne seront fauchées qu'une fois par an, en automne.

La première planche paillée pour l'hiver a fière allure ! Ce n'est qu'un peu de paille, mais c'est le début d'un nouveau monde...
Pour l'instant les autres planches ne se distinguent des allées que grâce à la tondeuse.

J'ai choisi de faire des planches permanentes de $1,20 \times 13$ m et de $1,50 \times 16,5$ m. Les grandes planches serviront pour les cultures nécessitant le plus de place (choux, rhubarbe) ou devant être faites en grande quantité (fèves et surtout haricots nain). Le centre des petites planches est à portée de main, mais pas le centre des grandes planches. Au centre de ces dernières je placerai donc des cultures ou volumineuses et lentes (les choux par exemple) ou grimpantes (pois nain et pois nain mange-tout notamment, sur des grillages de 1 m de hauteur).

Exp. 5+ : Les planches de 1,20 m de large permettent de cultiver 4 rangs de légumineuses (2 rangs de haricot nain et 2 de haricot grimpant de part et d'autre d'un filet), 4 rangs de betteraves, 5 rangs de carottes, 2 rangs de fraise, 2 rangs de choux, 1 rang de courgette, 3 rangs de salade.

J'ai choisi les dimensions suivantes pour les parcelles et les planches :

- Parcelle A : 16 planches de 1 m 20 × 13 m (15,6 m^2) dont 2 zones tampon et 3 planches de fruitiers, soit 11 planches (171 m^2) pour les cultures annuelles.
- Parcelle B : 6 planches de 1 m 50 × 16,5 m (24,75 m^2) dont 1 de fruitiers, soit 123 m^2 pour les cultures annuelles.
- Parcelle C : 6 planches de 1 m 50 × 16,5 m dont 2 de fruitiers, soit 99 m^2 pour les cultures annuelles.
- Parcelle M (devant la maison) : 6 planches de 1 m 20 × 13 m dont 1 zone tampon, soit 78 m^2 pour les cultures annuelles. Ainsi que 2 fois 15 m^2 de fruitiers.
- Parcelle D : 6 planches de 1 m 50 × 16,5 m (24,75 m^2), soit 148 m^2 pour les cultures annuelles.

Total pour cultures annuelles : 619 m^2, total pour fruitiers : 151 m^2. **Total : 770 m^2.**

Et au printemps 2015 est prévue l'installation d'une serre de 40 m^2 pour tomates, concombres et physalis.

QUELLE SURFACE TOTALE CULTIVER ?

On peut s'orienter vers les chiffres de Jean-Martin FORTIER[3]. Il a 160 planches de 0,75 × 30 m, soit 3600 m^2. Au plus fort de l'année, il travaille avec sa femme, une employée à plein temps et une à mi-temps, soit 3,5 temps plein. Ce qui correspond environ à 1000 m^2 (3600 / 3,5) de surface pour une personne. Étant donné qu'un débutant est deux voire trois fois plus lent qu'une personne expérimentée, les 2 – 3 premières années c'est déjà un bon objectif que de parvenir à occuper pleinement 500 m^2 de surface prête à planter par personne. C'est ce que j'ai fait, en procédant ainsi :

Année 1 : Délimitation des planches des parcelles A, B, C. Bâchage[4], semis d'engrais vert.

Année 2 : Délimitation des planches de la parcelle M. Bâchage, semis d'engrais vert. Parcelle A : premières cultures sur 11 planches (dont trois de pomme de terre méthode paille, une d'artichaut, une de fève en semis direct). Soit 6 planches requérant du travail complet (donc seulement 93 m^2). Parcelle B : semis d'engrais vert. Parcelle C : bâchage, c'est tout, je n'ai pas le temps de faire des engrais verts, occupés que je suis par la rénovation de la maison et par le poste d'enseignant remplaçant à temps partiel (il faut bien vivre !). En automne j'étale uniquement du paillage sur les planches.

Année 3 : au 10/06/14 je prévois de cultiver complètement les parcelles A et M (soit 249 m^2), de faire en B deux planches de rhubarbe et 3 de fèves.

Année 4 : préparation de six planches en D. Elles seront opérationnelles en 2017. Le reste du terrain demeurera en prairie.

---

[3] FORTIER Jean-Martin, *Le jardinier – maraîcher*, écosociété, 2012
[4] La prise en main des planches sera explicitée plus loin.

Comme vous le constatez, les deux premières années ne sont pas productives : je les consacre uniquement aux engrais verts, aux essais de culture, à la réalisation du matériel (chambres à semis, composteurs, jardinerie, irrigation) et à l'acquisition d'une première expérience (méthodes de semis, de plantations, et très importantes : les dates de semis, de réchauffement de la terre, de pullulation des limaces et chenilles). Ces premiers objectifs ne sont pas triviaux. Ce n'est pas du dilettantisme : ce sont de petits objectifs que je me suis fixés, parce que je voulais des objectifs que je puisse atteindre en tant que néophyte. Au départ il faut être humble – mais ne pas confondre humilité avec « se tourner les pouces » ! non plus. À la fin des deux premières années, j'ai atteint ces objectifs : mes méthodes semblent fiables et je sais à peu près quelles variétés conviennent à mon climat. Par exemple les choux blancs, les panais et les salades blondes poussent mal, et malgré tous mes efforts je ne suis pas parvenu à faire germer les graines d'oignon. Donc j'achèterai des bulbilles !

Exp. 5+ : Plus vous diversifiez vos cultures, plus le temps pour acquérir de l'expérience est long. Donc plus le temps pour parvenir à cultiver la surface totale initialement prévu sera long. Aussi, très important, il vous faut savoir ce que consomme votre clientèle et en quelle quantité. Il m'aura fallu trois années pour savoir cela, donc ce n'est que pour la 6e année du jardin que j'ai pu mettre en place un plan de rotation de toutes les planches (sur trois ans) et utiliser toute la surface prévue ! En 2017, je n'avais pas pu remplir six rangs, soit deux planches entières, faut de connaître les goûts de la clientèle. En 2018, j'ai enfin réussi mes semis d'oignons. Ma technique n'était pas en cause, mais les paquets de graines si. J'avais essayé quatre marques différentes, et les quatre paquets étaient mauvais ! Je dois dire que c'étaient des graines pour particulier achetées en grande surface spécialisée. Désormais je n'achète que des graines pour professionnel : la levée est fiable.

LES ZONES TAMPON : TAILLE ET NOMBRE

Les zones tampon ne sont fauchées qu'une fois l'an, en automne, afin que continue à y pousser la végétation naturelle de la prairie. Ces zones sont censées être des refuges à biodiversité, mais elles agissent aussi comme des brise-vent. Étant donné que je pars d'une prairie, ces zones sont donc remplies d'herbes qui montent en foin, et qui versent avec les pluies de mai et juin. Je m'autorise donc à les couper à 70-80 cm de hauteur, afin de pouvoir continuer à passer dans les chemins qui les entourent.

Sur le plan p. 3, vous pouvez voir que les zones tampon se situent à peu près au milieu des parcelles. Là est l'idée : permettre à la biodiversité naturelle d'exister au sein même du jardin. Et pas uniquement sur ses bords, dans les haies et les talus. Les surfaces de mes zones-tampon représente un huitième de la surface cultivée : cela me semble être un bon compromis entre le respect de la biodiversité et la nécessité de cultiver.

Comment faut-il aménager ces zones ? Et le faut-il ?

Exp. 5+ : Au milieu de chaque zone-tampon, j'ai installé une « mini-mare » : un bidon de 25 litres récupéré en déchetterie, bien nettoyé, dont le haut a été découpé et enterré à raz de terre. Rempli d'eau, j'y ai installé des iris et des lentilles d'eau. Au Nord de ces mini-mares j'ai installé une grosse pierre à la verticale. Elle est censée bloquer le vent du Nord. Toutefois, la végétation des zones-tampon prenant rapidement en hauteur au printemps, je crois qu'on peut s'en passer. D'autant que ces pierres dressées, de loin, font penser à des tombes, en hiver lorsque la végétation est rase ! Je pense que ces mini-mares sont utiles, car je trouve régulièrement des reinettes et des crapauds dans les zones tampon ainsi que dans les planches cultivées. Au milieu de l'été, ces petits points d'eau ne peuvent qu'être indispensables.

Les tours de petit bois, censées êtres des hôtels à insectes, se sont révélées inutiles. Trop humides en hiver et trop sèches en été, aucun insecte n'y logeait. Et elles servaient de refuges aux nuisibles, notamment aux terribles campagnols. J'avais aussi disposé des tuiles au sol, censées devenir des « maisons à crapauds ». Peine perdue : les crapauds préfèrent s'enfouir sous les paillages des cultures. Les zones-tampon ne se prêtent pas non plus à l'installation de véritables hôtels à insectes : ces constructions hautes et verticales y sont bien trop exposées aux éléments, au vent notamment.

Cinq années plus tard, les zones tampons ne sont plus aussi belles. Par endroit, l'herbe de prairie (un mélange de diverses graminées, de trèfle, de renoncule, de géranium et de mauve) a laissé la place à de longs fourrés d'orties, qui aiment à caresser les jambes… En 2019 je vais devoir tondre les zones tampon ainsi envahies, jusqu'à ce que l'herbe s'y réinstalle. Crapauds et reinettes n'apprécieront pas… La leçon est simple : quoi qu'on fasse ou qu'on ne fasse pas, la Nature évolue. Et elle évolue dans une direction qui ne nous est pas forcément agréable. Dans le cas présent, la biodiversité des zones tampon a diminué, alors que je pensais la faire augmenter en ne fauchant qu'une fois par an. C'est contre-intuitif, mais c'est ainsi.

5 INTERLUDE THÉORIQUE : VIVE SIMON !

Vous aurez noté que je cultive moins de surface que Jean-Martin Fortier : lui produit beaucoup de légumes d'hiver, moi très peu. Il cultive non pas en agroécologie mais en agriculture biologique intensive. Les légumes y sont très serrés, car plantés dans une terre fortement enrichie en compost. Ils ne manquent donc pas de nutriment. Une telle densité est impossible à obtenir en agroécologie.

Est-ce que, au moins, mon chiffre d'affaires équivaut au 3/4 du sien, ramené par personne. Ses 3,5 personnes génèrent 80 000 dollars de CA, soit 22 850 environ par personne. Les 3/4 font 17 137 dollars. Donc mon chiffre d'affaires est environ 4 fois plus faible que celui de Jean-Martin Fortier. Devrais-je alors augmenter ma surface totale cultivée ? Notez bien ceci : je ne le peux pas. En agroécologie, autonomie oblige, je n'importe pas de fumier ni de compost. Toute la fertilité des planches cultivées provient du foin et de la tonte qui viennent de la prairie et des allées, des engrais verts qui sont cultivés entre et après-culture et qui sont laissés sur place à se décomposer, et d'un peu de compost que je parviens à faire (entre une et deux tonnes selon les années).

Étant donné la superficie totale de mon terrain, **je peux allouer trois unités de surface en herbe pour une unité de surface cultivée**. La surface en herbe sert à produire du foin et de la tonte, qui sont étalés sur les surfaces cultivées. Foin et tonte sont transformés en humus par la microfaune du sol, humus qui sert à « nourrir » les plantes.

Ma production annuelle de foin frais avoisine les six tonnes ; celle de tonte environ une tonne, et je fais environ une tonne de compost par an. Donc sur chaque m^2 cultivé je ramène annuellement environ 10 kg de matière organique. Sans compter les engrais verts laissés à se décomposer sur place dans les planches cultivées. Soit, à des fin de comparaison, 100 tonnes à l'hectare.

C'est une quantité honorable en agriculture, mais notez à nouveau que le paillage, que je fais avec du foin frais, doit être étalé : il n'est donc pas possible de semer les légumes aussi serrés qu'en agriculture bio intensive (ou même en permaculture comme à la ferme du Bec Hellouin[5]). Les rendements par unité de surface en agroécologie sont faibles, en comparaison avec le biologique intensif.

MAIS l'agroécologie dispose d'un avantage considérable : ces rendements sont pérennes. C'est **Simon : Surplus Inépuisable de Matière Organique Nutritive** ! L'agroécologie est une – petite – corne d'abondance[6]. Il suffit

- (1) de gérer la prairie et les allées de façon à ce qu'elles ne s'épuisent pas, sans jamais y introduire aucun intrant autre que l'eau de pluie, afin d'avoir toujours du foin et de la tonte,

- (2) de faire des engrais verts après les cultures mais aussi pendant (entre) les cultures,

pour que la production du jardin agroécologique se maintienne d'une année sur l'autre sans aucun intrant. Là est le grand secret de l'agroécologie. En agriculture conventionnelle bien sûr, et même en agriculture biologique traditionnelle et a fortiori en agriculture biologique intensive, cela est tout bonnement impossible. Sans intrants annuels, ces formes d'agriculture ne sont pas durables[7].

6 PRÉPARER LE SOL

« La nature ne donne rien pour rien »

Au départ d'une prairie permanente ou d'une jachère, la préparation du sol selon les principes de l'agroécologie requiert deux années et demi. Voulez-vous réduire ce temps de préparation ? C'est possible, mais alors vous ne vous inscrivez plus dans l'agroécologie, et vous renoncez aux bénéfices qui vont avec. Faites votre choix : la nature ne donne rien pour rien. Pensez au frêne, qui est humble…

AU DÉPART D'UNE PRAIRIE OU D'UNE JACHÈRE

Je vous présente d'abord la technique aboutie, c'est-à-dire telle que je l'ai mise en pratique avec succès dans les dernières parcelles de mon jardin. Car dans ces premières parcelles, j'ai fait des essais et des erreurs, que je vous présenterai ensuite pour vous éviter du labeur inutile.

Année	Date	À faire
1	Automne	Faucher la prairie ou toute forme de végétation qui pousse dans la jachère et étaler tout ce « foin » sur les planches préalablement délimitées.

---

[5] Toutefois le qualificatif de permaculture ne s'applique peut-être pas à la ferme du Bec Hellouin, où apparemment vingt tonnes de fumier sont importées annuellement. Mais c'est là un autre débat.
[6] Donc la fondation d'une société durable, pour peu qu'on régule le nombre d'êtres humains.
[7] Mais elles sont économiquement rentables de par l'économie de temps de travail : dans un jardin agroécologique il faut du temps de travail pour créer la fertilité via le foin et via les engrais verts. Pour 1 culture vendue, il faut faire deux engrais verts, gérer la prairie, étaler le foin, faire le compost des restes de culture… Acheter puis épandre du compost ou du fumier, une seule fois au printemps ou en automne, est bien plus rapide. Nous sommes dans une société où on ne jure que par la réduction du temps de travail. Parce qu'une seule chose compte, à l'aune de laquelle tout se mesure : l'argent…

Année	Date	À faire
		Puis recouvrir la planche d'une bâche noire tissée (qui laisse passer l'eau).
2	Début juin	Enlever les bâches et les restes de paillage. Passer le motoculteur ou la griffe, pour obtenir au moins deux centimètres d'épaisseur de terre grumeleuse. Si vous avez cinq centimètres, cela suffit, n'allez pas plus profond. Faire un semis d'engrais vert : de phacélie. Pesez la quantité de graines nécessaires pour votre planche, et avec un semoir manuel répartissez-les sur toute la planche. Passez un léger coup de griffe pour enfouir un peu les graines et arrosez. Puis remettez par-dessus les restes de paillage, ainsi que du foin de printemps. L'épaisseur totale du paillage ne devrait pas dépasser 5 cm, afin que la phacélie puisse lever au travers.
2	Septembre	La phacélie a poussé, il est temps de la faucher. Utilisez une faux, pour couper les plants à raz de terre. Passez le motoculteur, ou la griffe, pour obtenir 2 à 5 cm de terre grumeleuse. Semez un engrais vert, de la même façon qu'au printemps : de la moutarde blanche. Par-dessus le semis étalez les phacélies fauchées.
3	Début mars	Fauchez la moutarde et laissez-la sur place. Recouvrez la planche d'une bâche noire. La bâche évite la levée des mauvaises herbes et étouffe celles qui ont résisté à l'hiver. En dessous, le paillage va finir de se décomposer.
3	Début juin	Comme début juin de l'année 2.
3	Septembre	Comme septembre de l'année 2.
4	Début mars	Comme mars de l'année 3.
4	Mai	Enlevez la bâche et le reste de paillage, passez la grelinette pour décompacter la terre jusqu'à -15 cm de profondeur. Attendez quelques jours qu'elle ait séché, pour affiner la terre en passant le motoculteur ou en utilisant un outil manuel adéquat. Puis semez ou plantez les cultures de votre choix !

Voilà : vous disposez maintenant d'une terre riche en humus, sans mauvaises herbes, sans ravageur ! Les engrais verts et les passages sous la bâche auront éliminé l'herbe et toutes les adventices, même les plus résistantes. Les engrais verts auront également fait fuir les « taupins », terribles larves de coléoptères qui vivent dans les racines de l'herbe. Ils auront fui… dans l'herbe des allées, tout simplement. Ils y resteront.

En hiver vous pouvez aussi, si le cœur vous en dit, arroser le foin récemment étalé ou l'engrais vert fauché avec de grandes quantités de purin (d'ortie et / ou de consoude). Pour mes 700 m^2, j'en fabrique 400 L, et j'arrose les planches avec des arrosoirs que je remplis de purin non dilué. Au début convaincu de l'utilité des purins, je ne les utilise plus, car si ma terre est bonne, alors ces purins doivent être inutiles. Dans une bonne terre, les plantes n'ont pas besoin d'aide

Vous pouvez aussi, avant d'étaler le foin d'automne, étaler de la tonte, que vous recouvrez ensuite de foin. Au printemps, si vous en avez, vous pouvez aussi incorporer de la cendre à la terre, quand vous passez la griffe ou le motoculteur.

Vous aurez noté qu'il vous faut autant de bâche que vous avez de surface à cultiver ! En agroécologie de plein champ, il est bien sûr impossible d'étaler autant de bâche noire ! Notez que certains utilisent des herbicides en agroécologie de plein champ. Les herbicides servent à tuer les mauvaises herbes qui lèvent dès les tout premiers beaux jours de février pour certaines, ou qui ont pris racine dès l'automne, entre l'engrais vert. Pour moi, c'est une utilisation détournée et galvaudée du terme d'agroécologie… L'idéal est bien sûr de se passer d'herbicide. En maraîchage comme en plein champ, l'idéal serait de n'utiliser que les engrais verts. Mais autant il est facile de détruire un engrais vert avec un puissant tracteur en l'incorporant à la terre, autant pour moi il est difficile d'incorporer un engrais vert. Je ne peux que le faucher et le laisser se décomposer sur le sol, ce qui ne gêne pas la levée des mauvaises herbes à partir de la mi-février.

Voyez-vous, il faut bien comprendre une chose : la « terre » en tant que telle n'existe pas. Quand de la végétation pousse, que ce soit de l'herbe dans une prairie ou un engrais vert, la terre est d'abord un *réseau racinaire*. Les racines tiennent fermement entre elles les particules de terre. Et non l'inverse. Aucun motoculteur ne peut pénétrer dans une terre ainsi constellée de racines. Essayez à la main, avec une griffe : c'est impossible. Il faut au moins y aller à la pioche et à la pelle. Par principe j'ai refusé de travailler avec de puissantes machines agricoles, qui peuvent labourer toute sorte de terre, même quand les racines des cultures ou des engrais verts y sont encore présentes. Voyez la puissance des tracteurs et des motoculteurs d'aujourd'hui ! Donc *il faut impérativement que ce réseau racinaire se soit décomposé* pour que je puisse travailler la terre (passer la grelinette puis affiner, afin de faire un lit de semence ou afin de pouvoir facilement planter). La **décomposition des racines commence à partir du moment où j'étale le foin d'automne et/ou je fauche l'engrais vert fin février**[8]. **Elle se poursuit sous la bâche noire, et elle est terminée pour la mi-mai.** Date à partir de laquelle la terre se prête au travail et aux semis et plantations.

Notez que le travail de la terre est facile : la terre ainsi préparée est riche en humus, elle est donc grumeleuse et elle ne s'engorge pas d'eau. Mais vous comprenez qu'en maraîchage agroécologique, il est difficile de cultiver plus de 1000 m^2, car cela représente déjà une très grande surface à bâcher (et à débâcher) quand on travaille seul.

---

[8] Les premières années, si comme moi vous n'avez pas le temps disponible ni la confiance en vous pour faire un semis d'engrais vert en septembre/octobre, étalez du foin dès début octobre. Ce n'est pas idéal, mais ce sera mieux que rien. Les premières années, il est important que vous vous familiarisiez avec le paillage (comment et à quelle vitesse il se décompose entre l'été et l'hiver). Surtout, il faut que vous parveniez à voir de vos propres yeux comment le paillage protège votre terre en été et quel effet la décomposition du paillage d'hiver a sur votre sol.

LES ERREURS DU DÉBUTANT

Planche sans bâche, jardinier à la bêche !
La nature a horreur du vide. Les adventices poussent lentemement mais surement, tout l'hiver durant.

À gauche la phacélie encore sur pied. À droite la moutarde a été semée ; le semis est recouvert par la phacélie fauchée.

Fauchage de la phacélie. Inutile d'en enlever les racines. Passez le motoculteur et semez la moutarde, griffez, arrosez, et recouvrez avec la phacélie fauchée.

Au printemps, les tiges de phacélie ne sont pas toutes décomposées. La moutarde, elle, se décompose plus vite.

En mai, épandre de la cendre. Mais pas de copeaux ! Si vous en avez, étalez-les juste avant le paillage d'hiver. Ils se décomposeront bien ; autrement en été ils sècheront : des erreurs, apprenons.

Quelle joie de pouvoir enfin passer la grelinette selon les règles de l'art, au printemps de la 4ème année.

J'en ai fait tellement, par où commencer ? À la ferme de Sainte-Marthe, où j'ai fait ma formation, on enseigne l'agriculture biologique traditionnelle, avec utilisation de fumier, labour et binage. C'est physique, c'est pénible, c'est une question de muscle et d'endurance. Grand et faible du dos, je n'étais pas enthousiaste à l'idée de devoir biner et sarcler sans cesse, même si on sait que « un binage vaut deux arrosages ». Dans mon jardin, je ne voulais pas que la force physique soit l'élément déterminant.

Erreur de paradigme

Pourtant, j'ai eu du mal à quitter ce paradigme de la force physique. À l'automne 2013, j'ai donc décompacté les planches, délimitées mais encore en prairie, avec la grelinette. Quel travail de titan ! D'ailleurs j'ai arrêté après 50 m² de la sorte. Étaler du foin me parût bien plus facile et rapide ! Mais au printemps suivant j'ai remis ça. Tout fringant et tout content de faire souffrir mon corps, j'ai déchaumé à la houe une planche entière de 25 m². Un travail de forçat. Puis j'y ai passé la grelinette – un travail de super-héros américain. La terre était, bien sur, pleine de racines non décomposées. Je soulevais donc avec la grelinette des blocs de terre/racine de 50 par 15 cm, gros et lourds comme des parpaings de ciment ! Ensuite, parce que je tenais à utiliser aussi peu que possible mon motoculteur, j'ai tenté de casser ces blocs à la griffe. C'était tout à fait impossible : les blocs ne se défaisaient pas, car les racines formaient un réseau solide. Et la griffe se piquait dedans, ce qui m'obligeait à soulever le tout pour essayer de la déloger, en cassant la « motte » à l'aide de la gravité. Bref, ma transformation en Hulk ne se produisant pas, j'ai arrêté et j'ai compris que je devais procéder autrement. Avec douceur. À partir de 2014, j'ai donc fauché ma prairie au printemps et à l'automne aussi et j'ai étalé le foin sur les planches. J'ai mis en place mon système comme expliqué dans le tableau, avec deux fois un double semis d'engrais vert, du paillage par-dessus les semis et du paillage après les cultures. De la tête et non du muscle !

La nature ne donne rien pour rien. Certes, la force mécanique d'un puissant tracteur ou motoculteur produit des effets : la prairie est retournée avec une charrue pour labourer, les mottes sont brisées au cover-crop ou à la herse, la terre est affinée avec un cultivateur vertical (avec des couteaux qui tournent sur un axe vertical, et non horizontal comme sur un motoculteur classique, afin d'éviter l'effet « semelle de labour »). Il suffit de trois passages, en avril ou mai. On incorpore en même temps du fumier. Et hop ! On peut semer et planter. En une semaine, début mai, vous passez d'une prairie à une terre cultivable. Cependant, l'envahissement par l'herbe qui repousse et les mauvaises herbes est par la suite considérable. Il faut sarcler sans cesse ! Et les taupins n'ont pas disparu, ils demeurent en terre. Et durant les trois années de leur cycle de vie en terre, ils attaquent tous les légumes-racine et toutes les cultures (salades, haricots, pois, etc.)

Quand il faut que vous gagniez de l'argent dès la première année, une telle préparation traditionnelle du sol est inévitable. Mais en agroécologie, prévoyez une autre source de revenus pour les deux premières années. Car *voulez-vous travailler avec la nature ou voulez-vous la contraindre ?* Ce choix existe. Et je vous félicite d'avoir fait le bon choix, le choix de l'agroécologie. Voyez que par la seule préparation du sol, l'état d'esprit de l'agroécologie est particulier : on va au rythme de la nature. Douceur versus force.

Un brin de fainéantise chèrement payé

Autre erreur du débutant : ne pas bâcher à partir de mars. Pour certaines planches que j'avais fortement paillées en novembre, il ne m'a pas semblé utile de les bâcher. Je l'ai regretté : les mauvaises herbes ont très vite pris le dessus, et il m'a fallu les désherber à la main en mai. Que d'heures de travail perdues ! Je vous l'assure : déroulez une bâche début mars, et laissez le temps faire son œuvre. Sinon il vous faudra produire en quelques heures, avec vos seuls muscles, autant d'énergie que la nature en aura produit de mars jusqu'à mai.

Décompacter le sol de la prairie avec la grelinette : difficile, et peu efficace. Il faut bien apprendre ! Le ridicule ne tue pas.

Au premier printemps labour musclé avec la grelinette. Puis réduction des mottes à la griffe. Ou comment se prendre pour Hulk...

Un changement de paradigme devient indispensable.

Après quatre mois, l'herbe peut être arrachée à la griffe. Mais pas les racines ! 2 cm de terre suffisent pour le premier semis d'engrais vert.

Dérouler la bâche noire tissée et la fixer avec des agrafes est facile et rapide. Pensez à travailler dans le sens du vent.

Planche à gauche : le foin a séché. À droite les semis de phacélie viennent d'être recouverts de 3 cm de foin frais.

Le temps, la nature et l'action judicieuse remplacent la force physique. En mai, seuls quelques Rhumex et chardons sont encore présents. Dans la terre souple, ils sont faciles à deraciner.

Si vous ne cultivez que 100 mètres carré, le traditionnel désherbage manuel du printemps est supportable. Certes. À vous de choisir ! Et si vous êtes idéologiquement allergique à la bâche noire, plutôt que de laisser les adventices pulluler, pourquoi ne pas semer un engrais vert en automne, qui résistera tout l'hiver durant et protégera la terre ? Nous reviendrons sur cette question plus loin.

Et les planches trop « sales » ?

Là où les engrais verts n'ont pas poussé correctement – parce que vous débutez et que faire un semis n'est pas encore évident – les mauvaises herbes et l'herbe tout simplement auront pris le dessus. Si c'est le cas à la fin de la seconde année d'engrais verts, ce n'est pas bon signe. Il faudra recommencer pendant un an encore la procédure ! Pas seulement pour étouffer les mauvaises herbes, mais aussi parce que c'est la preuve que vous ne parvenez pas à faire un semis de phacélie ou de moutarde, qui sont pourtant les plus faciles semis qui soient. Consultez un ouvrage dédié aux semis[9].

À PARTIR DE LA PREMIÈRE ANNÉE DE CULTURE

Une fois les trois années de préparation initiale complétées, tous les ans le même schéma devra être recommencé. À la différence près, bien sur, que les cultures remplaceront les engrais verts.

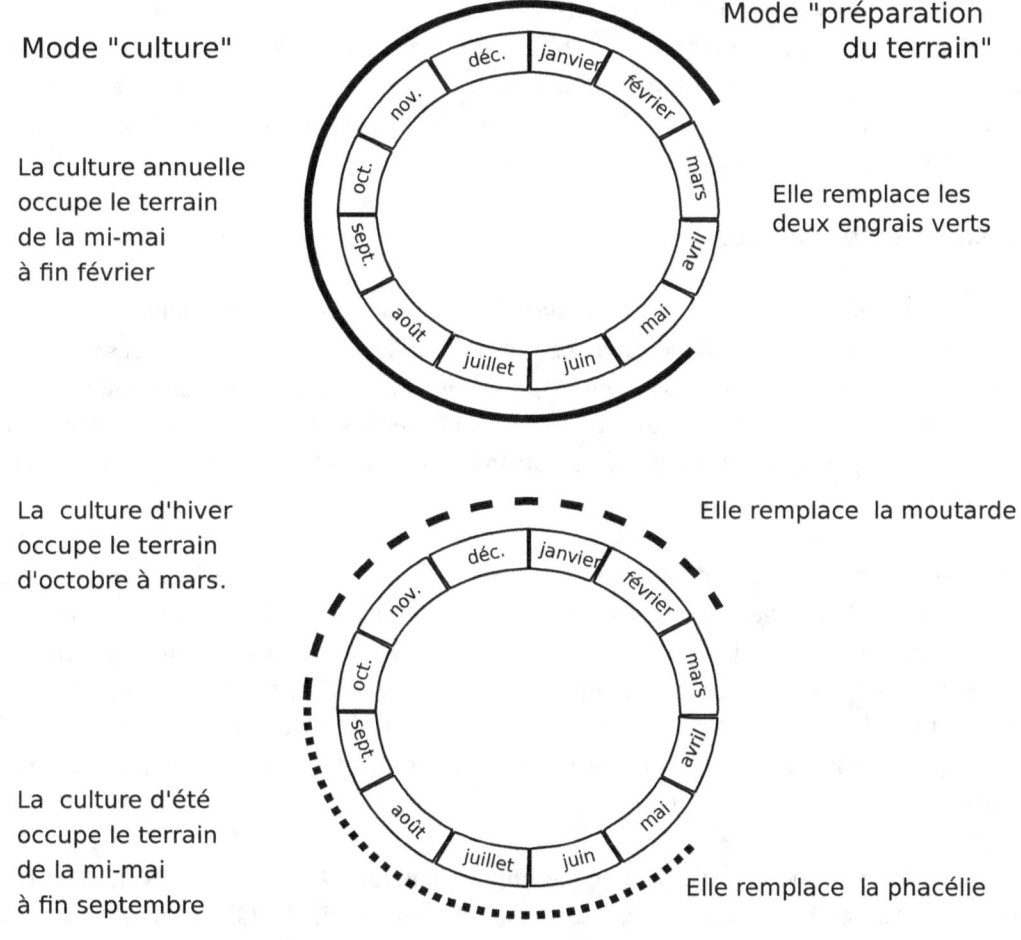

---

[9] Certains maraîchers bio achètent tous leurs plants à des producteurs de plants. Là c'est clairement une logique de productivité qui guide le maraîcher et non l'amour des plantes. Si vous ne voulez pas vous confronter aux difficultés du semis, alors je vous conseille de changer d'activité. C'est l'honneur du métier que de faire soi-même les semis.

Du bon usage de la grelinette

J'ai essayé dès la seconde année de décompacter le sol à la grelinette. C'était encore très difficile. Je me suis donc fié au travail de mon motoculteur. Cette année-là il a pu travailler la terre sur 10 centimètres, alors qu'à la première il ne s'enfonçait que de 5 centimètres.

On pense à tort que la grelinette est un outil de force, parce qu'avec deux manches on peut appuyer dessus comme un forcené. La grelinette doit être correctement utilisée, et cela se fait ainsi :1) planter les dents bien à la verticale 2) monter sur le socle pour l'enfoncer en terre 3) appuyer sur les manches, ce qui soulève la terre 4) la terre soulevée, tirer la grelinette vers soi : les dents glissent alors sur le sol, presque sans effort 5) remettre les dents en position verticale, quinze centimètres plus loin. Et ainsi de suite. Et c'est tout. On peut secouer un peu de gauche à droite la grelinette pour en faire tomber la terre au moment où on la tire vers soi. J'ai commis, au début, deux erreurs d'utilisation. J'essayais de retourner la terre soulevée, en inclinant totalement ou à gauche ou à droite la grelinette. Et j'essayais de casser les mottes de terre soulevée, en levant la grelinette et en la faisant retomber dessus. Que d'efforts inutiles ! La grelinette ne sert pas à affiner la terre. Sa seule fonction est de la décompacter. Ainsi elle s'aère et se réchauffe plus vite. Il est indispensable de passer la grelinette après un hiver très pluvieux. D'une part cela favorisera la vie du sol, d'autre part cela permettra de faire un bon travail au motoculteur, car la terre ne sera pas trop humide. Bien sûr, on ne peut ni planter ni semer après le seul passage de la grelinette : il faut encore affiner la terre.

Du bon usage du motoculteur

Le motoculteur sert à affiner la terre. Et uniquement à ça. Il faut passer le motoculteur quelques jours après avoir passé la grelinette, quand elle est assez sèche. Trop humide, la terre argileuse va se transformer en boulettes collantes. Ces boulettes seront trop grosses pour recouvrir de façon adéquate les semis. Ces boulettes vont laisser passer trop d'air, ce qui va empêcher les graines de bien se gorger d'eau. Et elles vont aussi laisser passer les limaces qui, à l'abri de vos yeux et des becs des oiseaux, vont tranquillement boulotter les graines germantes !

Il est important d'estimer l'humidité de la terre. Si elle est encore humide, il ne faut faire qu'un seul passage au motoculteur. S'il reste des mauvaises herbes, il faut faire un premier passage à cinq centimètres seulement, afin d'arracher les mauvaises herbes. Une fois celles-ci ramassées par vos soins, faites un second passage plus profond. En général, les motoculteurs ne travaillent pas la terre à plus de 15 cm de profondeur. C'est très bien, ce n'est pas nécessaire de creuser jusqu'en Chine ! Il faut se départir de ce vieux et collant paradigme de la force : qui dit force dit labour profond. Ce paradigme n'a pas sa place en agroécologie.

Cependant, quel que soit votre état d'esprit, ce paradigme demeure. Impossible de s'en débarrasser ! Et c'est normal, car c'est de là que nous venons tous : « Le labour agricole. Qui souffre bien, a bien travaillé. Honte à toi qui ne souffres pas au travail ! » On n'efface pas deux mille ans d'agriculture catholique en deux dizaines d'années. Quand je suis face à un problème de culture, face à un doute, ce paradigme de la force me revient en tête automatiquement. Le culte de la force avec son corollaire inévitable, la souffrance... Mais la Nature ne nous en demande pas tant. Les Hommes, oui, attendent que nous travaillions dans la souffrance et que nos corps se déforment. Mais non, merci, très peu pour moi ! Je revendique le droit, et la possibilité, de travailler sans glorifier la force. Mon dos m'en remercie déjà. Le paradigme de l'agriculture de force demeure rassurant, aujourd'hui encore. Il faudra plusieurs générations d'agriculteurs agroécologistes pour qu'on cesse d'y retourner par réflexe, comme l'enfant pas encore éduqué qui retourne sans cesse vers le réfrigérateur dès que quelque chose le contrarie.

Du bon usage de la bâche noire

La bâche noire est un outil de désherbage. Comme tout outil, il faut l'utiliser ni trop ni trop peu. Étalée trop peu de temps, les mauvaises herbes ne vont pas mourir. Étalée trop longtemps, le sol en dessous va se compacter fortement, à partir du moment où tout l'humus qu'il contenait se sera décomposé. La durée minimale est deux mois et demi. Pour la première année, vous devez la laisser en place plus longtemps, d'octobre à mars. La raison en est qu'une quantité importante de végétation doit se décomposer en dessous, notamment toutes les racines de l'herbe de la prairie ou de la jachère. Uniquement pour la première année est-ce une bonne chose de laisser la bâche si longtemps.

En agriculture biologique, on voit souvent des surfaces considérables recouvertes en cours de saison par de la bâche noire, notamment pour les courges, les salades, les tomates. Posée en mai et enlevée en septembre, la bâche évite ainsi le désherbage. Une telle technique est impensable en agroécologie, car sous ces grandes surfaces, aucune vie dans le sol ne peut se développer. Pour qu'il y ait de la vie dans un sol, il faut qu'il y ait un développement racinaire et de la matière organique morte en surface (paillage ou mulch). Ce sont surtout les agriculteurs qui cultivent en utilisant du fumier, qui vont utiliser la bâche noire de cette façon : pour eux coller au plus près des processus naturels n'est pas une priorité. Mais cela leur permet d'augmenter leur productivité et donc de s'insérer dans notre économie de consommation de masse, économie qui considère l'humain comme un moyen et non comme une fin en soi…

Amendements

Cendre : Au printemps, toutes les planches reçoivent de la cendre, à raison de trois litres pour 10 m². C'est peu, mais il faut garder à l'esprit que c'est du concentré. La cendre c'est de l'arbre en poudre !

Compost : Je ne parviens à faire que 1 à 2 m³ de compost ; je le réserve donc pour les poireaux, carottes et betteraves, à raison de deux brouettes par planche, et pour les tomates, concombres, courges et courgettes. Je répands les cendres et le compost après avoir passé la grelinette ; ainsi ils seront mélangés à la terre par le motoculteur. Pour les tomates et concombres (en serre), je répands le compost au pied de la plante une fois que celle-ci mesure une vingtaine de centimètres. Pour les courges et courgettes, je fais un trou de 20 par 20 cm, que je remplis de compost, et dans lequel je plante le pied.

Copeaux et BRF : à étaler en automne, pour qu'ils se décomposent bien. Je n'en utilise qu'accessoirement, n'ayant pas assez de mètres linéaire de haie pour justifier l'achat ou la location d'un broyeur. Un oncle menuisier me fournit des copeaux, qui servent d'abord pour les toilettes sèches. Le surplus n'est pas perdu : en se décomposant les copeaux nourrissent le sol. Certains ne jurent que par le BRF, qui permet de nourrir les champignons du sol, garantie soi-disant optimale de la fertilité. Sachez que la lignine du bois est effectivement décomposée par les mycètes, mais que dans un sol de prairie, qui est le sol type pour l'agriculture, il y a peu de mycètes, donc peu de mycorhize. Dans un sol de forêt, il y en a plein, parce qu'un sol de forêt est toujours humide, même au plus chaud de l'été. En agriculture, il est impossible de garder un sol aussi humide en été : les cultures, même vigoureuses, ne fournissent pas un ombrage équivalent à celui des arbres. Même le foin, pourtant plus pauvre en carbone que le BRF, ne se décompose pas en été.

Purins : je déverse de grandes quantités de purins sur les paillages d'automne, avec de recouvrir les planches de bâche noire. Je crois en ce principe que les purins, riches en matière organique, sont des bouillons de culture qui vont améliorer la décomposition du paillage. Toutefois, cela ne produit aucun effet miraculeux : la transformation du paillage se produit quand même sans purin, et elle se produit plus ou mieux bien selon que les vers de terre peuvent être actifs ou non. Ainsi, les hivers très froids et secs réduisent à néant l'activité des vers de terre, avec ou sans purin. Mais j'ai vu début mars, à la fin d'hivers doux, le paillage être complètement recouvert par les turricules des vers de terre. Le paillage d'automne, qui faisait une bonne dizaine de centimètres d'épaisseur, avait été littéralement enterré ! Au printemps suivant, la terre était grumeleuse et noire à souhait.

Mais depuis 2018 j'ai abandonné l'usage des purins, comme expliqué plus haut. Pour les sœurs de l'abbaye de Fulda, avec le compost et les combinaisons de culture, il est le troisième et indispensable pilier de la productivité de leur grand jardin. Le réflexe d'utilisation des purins est celui-ci : la saison n'est pas bonne, les cultures pourraient profiter d'une pulvérisation. Ça ne peut pas faire de mal, c'est juste pour aider à traverser une mauvaise passe, pour ne pas prendre de retard dans la fructification. Mais faut-il forcer une plante à pousser quand les conditions ne lui sont pas favorables ? N'est-ce pas là plutôt le sempiternel désir de tout contrôler ?…

Tonte et foin : leur utilisation sera expliquée plus loin dans un chapitre dédié.

Autres outils manuels

La houe à dents est l'outil manuel idéal à utiliser après le passage de la grelinette, surtout si la terre est lourde et humide. La grelinette aura soulevé de grosses mottes, et la houe à dents permet de les casser. Notez qu'il faut donner des coups secs et ne pas chercher à enfoncer les dents jusqu'au centre des mottes, sans quoi la houe s'y plante désespérément. À réserver aux petites surfaces : au-delà de 10 m^2, votre dos vous fera comprendre que passer le motoculteur aurait été plus rapide et plus facile.

Pour décompacter la terre, le croc ou cultivateur est une alternative intéressante à la grelinette. Il décompacte jusqu'à -10 cm, mais la terre doit être plus sèche et plus libre de racines que pour un passage de la grelinette. Je l'utilise sur les petites surfaces à la fin de l'été, si nécessaire, avant de faire un semis d'engrais vert d'hiver.

Lorsque la fin de l'hiver n'est pas trop pluvieuse, au printemps il est parfois possible de se passer complètement de la grelinette et du motoculteur. Les engrais et le paillage s'étant décomposés, il en résulte une terre naturellement grumeleuse dans les cinq premiers centimètres. Un passage à la griffe, aussi appelée cultivateur, à une ou plusieurs dents, suffit pour affiner la terre et semer les légumineuses.

Exp. 5+ : Bien des gens qui visitaient mon jardin étaient choqués que je passe le motoculteur. Pour le grand public profane qui s'intéresse à l'agriculture bio, c'est mal de travailleur la terre… Aussi ai-je acquis une mauvaise conscience de travailler la terre et, en 2016 et 2017, quand possible je travaillais la terre au cultivateur manuel plutôt qu'au motoculteur. Certes les semis levaient, mais ils faisaient de mauvaises racines et souffraient ensuite de la chaleur d'été. Car avec un cultivateur je ne parviens pas à décompacter assez profondément la terre. Les racines « butent » sur une terre dure à -10 cm, car ma terre très argileuse durcit terriblement en été. Pour une terre sablo-limoneuse qui ne compacte pas en profondeur, un passage manuel de cultivateur peut en effet suffire. Mais pour une lourde terre argileuse, c'est une perte de temps. C'est aussi encore une preuve qu'il ne faut jamais généraliser une technique, et donc qu'aucune technique ne peut être totalement bannie. Quand on ramène tout à une seule technique, on est en fait un idéologue. BRF, non-travail du sol en MSV (maraichage sol vivant) et en permaculture, butte sandwich, paillage, herse rotative : la Nature n'a jamais dit qu'elle n'accorderait sa prodigalité qu'à une seule de ces techniques.

Un **plantoir** est indispensable. Dans les terres lourdes, il est avantageusement remplacé par un vieux couteau à la lame large et émoussée. Enfin, la **faucille** rend de grands services. Elle permet de couper facilement l'herbe qui pousse des allées sur le bord des planches, après avoir enlevé la bâche noire et en cours de saison. Cette faucille peut se battre, aussi coupe-t-elle comme une rasoir : il suffit d'une minute pour couper 10 mètres linéaire. Il faut la réserver pour la coupe de l'herbe ; pour les broussailles, une faucille à lame épaisse qui s'affûte à la lime ou à la pierre est mieux indiquée. À l'occasion, j'utilise la faucille battue pour récolter la mâche en grande quantité. Attention aux doigts !

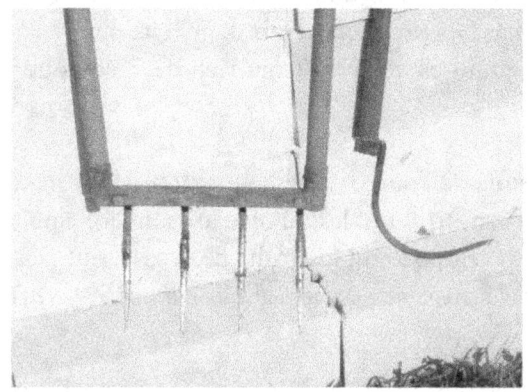
Grelinette et croc.

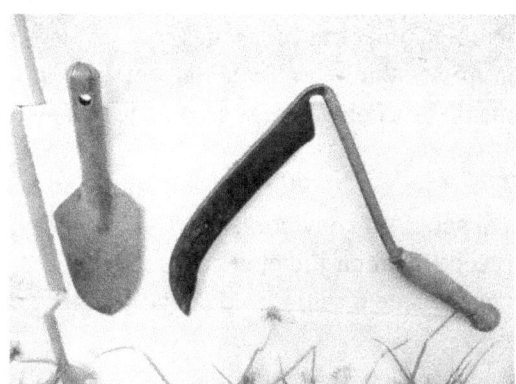
Plantoir et faucille.

Houe à dents, cultivateur à trois dents et à cinq dents.
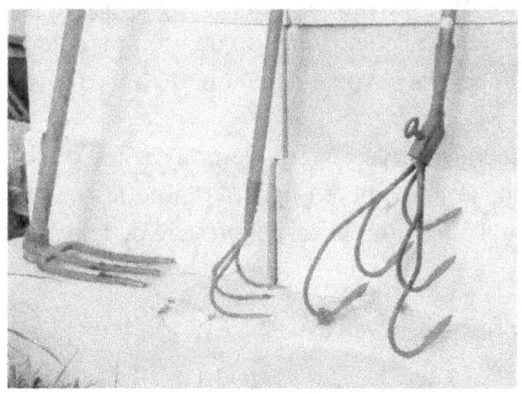

7 DATES DE SEMIS ET DE PLANTATION

En agroécologie, dates de semis et de plantations ne diffèrent pas des dates conventionnelles.

CULTURES

Ma terre étant très argileuse, elle se réchauffe très lentement. Les limaces pullulent en général jusqu'à la mi-mai. Je fais donc les premiers semis de haricot fin mai, les carottes début juin. Je plante les premiers choux-fleurs et choux d'été début mai – en récoltant matin et soir les limaces ! Je plante les premiers poireaux à la mi-mai (récolte en septembre), les seconds en juin / début juillet (récolte de novembre à mars). Courges et courgettes sont plantées à partir de la mi-mai. Les premiers semis de mâche ont lieu à la mi-septembre et s'échelonnent jusqu'à la mi-octobre. Les cultures en serre n'ont rien de spécifiquement agroécologique, si ce n'est le paillage et les engrais verts.

Exp. 5+ : En 2019 je ferai directement en pleine terre les semis de courge et de courgettes, début mai. J'ai acquis la conviction que les courges plantées à la mi-mai sont trop faibles au niveau racinaire ; plus précisément en juillet et août leurs racines ne sont pas assez développées et les fruits ne grossissent pas, par manque d'eau. Plus de détails dans le chapitre *Agroécologie avancée : combinaisons cultures–engrais verts*.

ENGRAIS VERTS

Une fois la production démarrée, il n'est plus possible de faire d'engrais vert d'été. Les engrais verts sont donc nécessairement semés en septembre/octobre, après la culture d'été. Par exemple, après les haricots, les choux raves et les courges, et en fonction de mon plan de rotation, je fais de la moutarde, du seigle d'hiver, de la vesce d'hiver, de l'avoine d'hiver et du pois d'hiver.

Bien sur, il ne faut pas trop recouvrir ces engrais verts avec le foin d'automne, de façon à ce qu'ils puissent lever au travers. Sinon, je les sème en ligne, comme les cultures, et entre les lignes j'étale le foin d'automne. D'une façon ou d'une autre, le sol est protégé de la battance de la pluie et du froid

1. par le foin (avec ou sans tonte au-dessous) ;

2. par le feuillage de l'engrais vert ;

3. et par ses racines, qui maintiennent la structure grumeleuse du sol (car elles maintiennent la vie du sol, notamment les vers de terre sont plus actifs que lorsqu'on étale seulement du foin en automne).

Et début mars je fauche ces engrais verts, si le froid ne les a pas détruits, et je recouvre la planche avec la bâche noire tissée.

Par la suite, quand vous connaîtrez assez bien vos cultures et votre terre, vous pourrez faire des engrais verts en même temps que les cultures ! Patience et explications au chapitre *Agroécologie avancée : combinaisons cultures–engrais verts*.

8 PRENDRE SOIN DU SOL

Pendant deux ans et demi vous avez préparé votre terre avec soin et douceur. Maintenant, il va falloir cultiver des légumes et avoir de bonnes récoltes, tout en conservant la terre dans ce bon état et si possible en continuant même à l'améliorer. Qu'est-ce donc qu'une « bonne terre » ? C'est une terre

- Avec peu de mauvaises herbes ;
- Fertile, c'est-à-dire avec un taux important d'humus. Une bonne terre est sombre, presque noire ;
- Légère, c'est-à-dire grumeleuse. Ainsi elle retient ce qu'il faut d'eau, sans s'engorger. Et elle est aérée ni trop ni trop peu. Elle permet ainsi aux graines de bien lever et aux racines de bien se développer, et elle se réchauffe plus vite qu'une terre compactée.

En agroécologie, le travail du sol n'est pas ce qui donne à la terre sa structure grumeleuse. Cette structure provient de la décomposition du paillage – dans mon cas du foin et non de la paille –, de la tonte et des engrais verts. Foin, tonte et engrais verts sont les seules sources de la fertilité d'un sol agroécologique. En même temps ils sont les protecteurs de la terre. Le travail mécanique peut donner l'impression de créer la structure de la terre. Mais c'est une erreur : si la terre contient trop peu de matière organique, ces petits grumeaux faits à la machine vont se désagréger avec les pluies et en s'asséchant la terre va devenir une masse compacte dans laquelle les racines ne vont pas bien se développer.

LE PAILLAGE DE PRINTEMPS

Une fois la grelinette passée, vous affinez la terre et vous semez. Les cultures lèvent. Les mauvaises herbes aussi. Il faut donc, entre les lignes de culture, étaler du foin. Si possible étalez avant de la tonte, et par-dessus du foin : c'est le « paillage » de printemps. En général je commence à pailler à partir de fin mai, date à laquelle je commence à avoir du foin. Essayez autant que possible de pailler juste après avoir fait le semis : c'est beaucoup plus rapide que de pailler quand les plantules font quelques centimètres de haut. À ce stade elles sont facilement cassées par le simple fait d'étaler le paillage. Pour rappel, voici les cinq fonctions du paillage :

Réduire la levée des mauvaises herbes

Seules les mauvaises herbes les plus vigoureuses arrivent à « percer » au travers du paillage. Mais une fois arrachées et laissées sur place, elles augmentent l'effet du paillage. Le paillage remplace donc le sarclage.

Garder la terre humide

Car il la protège des rayons du soleil, le paillage évite à la terre de se dessécher. Ainsi l'arrosage est réduit. On dit traditionnellement qu'« un binage vaut deux arrosages », mais un paillage en vaut bien trois ! La microfaune du sol et les vers de terre ont aussi besoin d'humidité pour vivre.

Éviter que la terre ne gèle et ne surchauffe

Couverte en hiver, au printemps elle se réchauffe plus vite. Couverte en été, elle ne dépasse pas 22 °C, ce qui évite aux plantes les « coups de chaud » et la montée en graine précoce. Les plantes poussent régulièrement. Les petites bêtes du sol (vers de terre, perce-oreilles, collemboles, staphylins, acariens) apprécient aussi cette température modérée, et peuvent faire leur travail de transformation du paillage en humus dès juin et jusqu'au milieu de l'hiver. Quand la température dépasse 22 °C, ils fuient vers les profondeurs.

« Nourrir » le sol

En se décomposant par en dessous grâce à l'action de la pluie et des petites bêtes du sol, le paillage se transforme en humus. Ainsi il remplace le fumier traditionnel.

Créer une terre grumeleuse et fertile

La structure souple, légère, onctueuse d'une bonne terre, et sa couleur noire, est due à la présence d'humus. Un sol continuellement paillé est un sol où il se forme en permanence de l'humus. Cela compense l'exportation des minéraux avec les récoltes. Un sol paillé est donc un sol durablement fertile.

LE PAILLAGE D'AUTOMNE

En automne, pour les engrais verts on paillera comme expliqué précédemment. Entre les rangs de choux, de poireaux, de navets et de rutabaga, qui ici passent l'hiver en plein champ, il faut pailler, et si possible étaler avant de la tonte. Entre les choux, il est intéressant de planter ou de semer des engrais verts, mais pas entre les poireaux, qui ont besoin d'un maximum de lumière.

LE MULCH ET LA LUTTE CONTRE LES RONGEURS

Le paillage est fait d'éléments filaires : foin ou paille. Le mulch est fait d'éléments particuliers : de la tonte ou du BRF. Ne disposant pas de BRF, je ne peux que vous expliquer comment et pourquoi je « mulche » (du verbe mulcher !) avec de la tonte.

Je mulche les cultures de poireau, betterave, céleri rave et carotte. Je ne les paille pas. Pourquoi ? Parce que les campagnols et les taupes sont des animaux qui adorent faire des galeries. Et les campagnols surtout adorent manger ce qui pousse à proximité. La première année, j'ai perdu les trois quarts de ces cultures ! Comme solution je n'ai trouvé que ceci : casser régulièrement les galeries des campagnols, qui sont les mêmes galeries que celles des taupes. Pour ce faire, il faut renoncer au paillage, qui empêche de traîner un outil dans le sol. Donc je répands de la tonte. C'est moins efficace que le paillage pour contrer les mauvaises herbes et éviter une surchauffe du sol. Mais en passant l'outil (qui est un croc) pour casser les galeries, la tonte est incorporée au sol. Une fois l'outil passé, je remets de la tonte.

Vous l'aurez compris, prendre soin du sol signifie

- **Garder le sol couvert tout au long de l'année** : par les cultures, par les engrais verts, par le paillage, par le mulch, par la bâche noire. Tout ce qui est au-dessus de la terre se décomposera. C'est bien, mais ce n'est pas suffisant pour maintenir la fertilité d'une année sur l'autre.

- Il faut aussi faire en sorte que le sol soit **vivant** tout au long de l'année, c'est-à-dire qu'il s'y trouve des racines : celles des cultures et celles des engrais verts. Et tout ce qui est dans la terre se décomposera aussi, de début mars jusqu'à mai. De cette façon, votre sol sera indéfiniment fertile. C'est SIMON !

RETOUR D'EXPÉRIENCE : LA QUALITÉ DU SOL

Exp 5+ : Le paillage est nécessaire mais pas suffisant

Constat après des cultures sans rotation et sans travail du sol

Je cultive mes tomates toujours au même endroit, et pendant trois années j'ai aussi cultivé des courges toujours au même endroit. Je ne travaillais pas le sol : un trou à la bêche, un peu de compost, plantation et paillage en abondance. Puis j'ai décidé de faire des salades entre les tomates, et de mettre les courges dans un plan de rotation sur trois ans (avec des pommes de terre et des légumineuses). Entre les tomates mes salades se sont faites dévorer par les taupins (le fameux ver « fil de fer »), innombrables ! Et la terre des courges était envahie de racines de liseron et de chiendent : sur 20 m^2 j'ai ramassé 50 kg de racines ! Oui, il y avait encore de la terre entre les racines de liseron… Pour remédier au problème des taupins, après les tomates je fais donc un semis de moutarde blanche, engrais vert réputé pour son action nettoyante. Le soufre fait fuir les ravageurs du sol. Quant au liseron, j'en aurai toujours, mais moins parce que je travaille le sol désormais. Le liseron ne gênait pas trop les courges ; un bon arrachage en août suffisait. Et le chiendent non plus. Mais ce que j'avais gagné en temps pendant trois ans, en ne faisant aucun travail du sol, j'ai dû le dépenser tout de même pour enlever péniblement à la main toutes les racines de liseron. Je fais donc un constat très clair : si le sol n'est pas travaillé, un paillage permanent n'empêche pas les mauvaises herbes de proliférer. Certaines mauvaises herbes ne pousseront pas, mais d'autres, celles qui profitent d'un sol maintenu humide et meuble grâce au paillage et qui peuvent percer à travers le paillage, vont être favorablement sélectionnées[10].

Constat lié à la nature du sol et à la météo annuelle

Mon sol a deux caractéristiques : il est très argileux et il est peu profond. En surface se trouve la terre végétale, avec plus ou moins d'humus. À -15 cm commence une couche d'argile et de dragées de quartz, qui servait par le passé à faire des maisons en terre. À -30 cm commence une couche très épaisse d'argile pure. La vie du sol ne peut s'exprimer que dans les 15 premiers centimètres. En hiver 2015, il y avait tellement de vers de terre que leurs déjections recouvraient totalement les paillages. Mais au printemps 2018, alors que je préparais la terre, je ne trouvais quasiment aucun ver de terre, et la terre était partout compacte et gorgée d'eau. Bref, je crois qu'en deux ans (2016 et 2017), la majorité des vers de terre est morte !

La raison en est la sécheresse et une utilisation insuffisante d'engrais verts durant les hivers. La sécheresse s'est installée en juillet 2016 et elle a duré exactement un an. En été, malgré les paillages, le sol superficiel a séché complètement là où je n'arrosais pas. L'automne 2016, très sec, n'a pas permis que je sème des engrais verts : je manquais d'eau pour pouvoir les arroser et les faire lever. L'hiver 2016-2017 fut très sec. Je n'ai réussi à reconstituer que 6 m^3 de réserve d'eau, malgré presque 200 m^2 de toiture de mes bâtiments. Les fossés demeuraient secs. Au printemps 2017, l'herbe de la prairie commence à pousser, puis elle s'arrête à la mi-mars, faute d'eau dans le sol. De brèves pluies en avril lui permettent de reprendre sa croissance, ce qui me permettra heureusement de faire du foin en mai/juin. Mais une canicule sévit en mai. Puis juin sera chaud et sec. Mi-juillet 2017 : retour des pluies. Elles seront régulières. Pourtant je constate que le sol superficiel ne se réhydrate pas. À peine est-il mouillé qu'il des-

---

10 Ce problème se pose donc aussi pour les planches de fraisiers, comme nous le verrons plus loin.

sèche. L'explication est évidente : les couches inférieures du sol se sont également desséchées. Constituées presque exclusivement d'argile, elles aspirent avec force l'eau amenée par les pluies dans la couche superficielle. Mon sol dessèche par en dessous ! À cause de ce phénomène, malgré le retour des pluies, le sol superficiel ne sera réhydraté que fin septembre ! Au moment de récolter les premières pommes de terres en juillet, sous le paillage je ne trouvai que de la poussière. Et les pommes de terre, rachitiques, reposaient sur la couche inférieure dure comme du béton. Cela en Normandie.

En 2017, la prairie, desséchée et jaunie, a très peu repoussé après le fauchage du printemps. Je ne peux en tirer aucun foin ; la seule action sensée sera de la passer entièrement à la tondeuse en mode mulching. Il en résulte que pour l'hiver je n'ai que les restes de foin du printemps pour faire le paillage. Je réduis donc l'épaisseur du paillage à 5 cm. Et je commets une erreur : je ne fais pas d'engrais verts. J'estime qu'avec ce paillage, et avec le paillage continuel depuis quatre ans, et avec les racines des cultures que j'ai laissées au maximum en terre (au lieu de les composter), et avec les restes de cultures que j'ai laissés au maximum sur place, la terre passera l'hiver sans problème. Grave erreur ! L'hiver 2017-2018 est très pluvieux. Le fin paillage se décompose vite ; il ne protège pas assez la terre, qui se tasse sous la pluie abondante. Au printemps 2018, je ne peux que constater que la terre de certaines planches est revenue à son état de 2013 : une masse lourde, compacte, humide, froide, sans ver de terre. Elle ne se réchauffera pas du tout avant la mi-mai ! Changement climatique oblige, certaines journées d'avril et de mai dépassent les 30 °C. La terre, trop humide et plus du tout grumeleuse, là où j'avais réussi à la travailler à la grelinette puis au motoculteur, a durci immédiatement. En surface les mottes de 3-4 cm deviennent dures comme des pierres. Le printemps 2018 est donc cruel pour les premières cultures (fèves, pois, navets, chou-raves et choux de printemps) : les plantes ne parviennent pas à faire de racine dans cette terre froide et compacte, en même temps qu'un air trop chaud et trop sec assèche leurs feuilles. J'ai l'impression que tous mes efforts depuis cinq années pour améliorer la terre ont été vains.

Je pense que si j'avais semé des engrais verts à l'automne 2017, la terre aurait gardé son humus et les vers de terre auraient été actifs, labourant et aérant la terre tout l'hiver durant et évitant qu'elle ne se tasse. Et ainsi permettant qu'elle soit grumeleuse et qu'elle se réchauffe plus vite au printemps. Ce qui aurait permis aux plants de faire des racines et de mieux résister aux trop chaudes journées d'avril et mai.

La leçon est simple : ma terre est très fragile. Peu épaisse et riche en argile, elle n'a aucune réserve d'humus ni d'eau. La vie du sol peut se trouver rapidement anéantie, car les vers de terre et les autres petites bestioles ne peuvent pas se réfugier dans les profondeurs. C'est de l'argile pure impénétrable. Si la terre n'est pas constamment protégée contre l'excès de soleil, elle dessèche et devient dure comme de la pierre. Si elle n'est pas protégée contre l'excès de pluie, la battance la compacte et elle s'engorge. Si elle dessèche, les plantes ne peuvent pas mobiliser l'eau contenue dans les couches inférieures, car l'argile pure a un fort pouvoir de rétention d'eau. Si la terre n'est pas constamment colonisée par des racines, qui par la suite se décomposent, elle se compacte. Et le paillage ne suffit pas à contrer ce compactage. Le paillage ne rend grumeleux que les deux premiers centimètres du sol.

Ces « faiblesses », combinées à la façon dont j'obtiens du foin et de la tonte pour couvrir la terre (objet du prochain chapitre), ont des effets évidents sur la fertilité de la terre. Nous poursuivrons ces considérations dans le chapitre *10 Les conditions d'une fertilité durable*. Ces constats m'ont incité à faire évoluer mes techniques, ce que je présenterai dans le chapitre *13 Agroécologie avancée : combinaisons cultures–engrais verts*.

Mulch de tonte et de copeaux de bois
entre betteraves céleri raves.
Par la suite je n'utiliserai les copeaux de bois
qu'en automne.

Choux-rave et salade.
Les restes de paillage ont été regroupés
et alignés, avant que les cultures
ne soient plantées.

La planche servant à accueillir les haricots
fin juin, demeure bâchée jusqu'au semis.

Choux rouges et salades paillés.

Du paillage,
partout
partout
partout...

Fraises sous filet, paillées, et oignons paillés.

Choux rouges et choux verts, paillés.

Choux-fleur et haricots. Du paillage ? Oui, quoi d'autre ?

9 TONTE ET FOIN – GÉRER LES ALLÉES ET LA PRAIRIE

ET LE SECRET DE SIMON ?

Surplus Inépuisable de Matière Organique Nutritive : voilà ce que je pense avoir atteint dans mon jardin. C'est-à-dire que le sol de mon jardin ne s'épuise pas, bien que chaque année j'en exporte plusieurs tonnes sous forme de fruits et légumes que je vends, et bien que chaque année je n'y fasse rien rentrer. Hormis deux poubelles de cendre, qui restent du bois que j'ai brûlé tout l'hiver pour chauffer la maison.

C'est impossible, me direz-vous. La nature ne donne rien pour rien : ce qui est enlevé doit être compensé. Ce qui est pris doit être rendu. Ce principe de bon sens est justifié en physique et en chimie, mais, selon moi, pas en agriculture. Le bon sens agricole veut que si on cultive à un endroit, l'année suivante la récolte sera moins bonne. Et cinq ans plus tard, il n'y a plus de récolte du tout.

Alors ? Je considère que ma prairie et les allées enherbées font partie du jardin. Elles en font partie écologiquement, c'est-à-dire que le micro-climat du jardin et les rapports ravageurs naturels / prédateurs naturels dans le jardin dépendent de la présence contiguë de la prairie.

Avant de poursuivre l'exposé, une question s'impose : *pourquoi un sol s'épuise-t-il ?* Laissez une forêt tranquille, sans jamais y prélever de bois, sans jamais entretenir le sous-bois. Jamais son sol ne deviendra stérile. Tous les ans, les arbres vont y proliférer. Par contre, tous les ans abattez les arbres et abattez le moindre arbuste qui repousse, et le sol deviendra stérile. Les graines germées resteront des plantules chétives : la terre sera « vidée », si elle est n'a pas été purement et simplement emportée par l'érosion. **Pour éviter qu'un sol ne devienne stérile, l'être humain intelligent va déterminer quel est le pourcentage de matière organique qu'il doit laisser sur place et quel pourcentage il peut exporter à son profit. Voilà le respect que l'on doit à la Nature.**

Donc, sur les surfaces cultivées de mon jardin, pour compenser les exportations et éviter que le sol ne devienne stérile,

- je laisse sur place un maximum de restes de cultures ;
- je laisse sur place tous les engrais verts ;
- j'amène un peu de compost ;
- et surtout j'amène du foin et de la tonte.

L'objectif ultime de l'agroécologie est d'avoir une surface cultivée qui serait tout à fait autonome. Masanobu Fukuoka, inspirateur de la permaculture et de l'agroécologie, a atteint cet objectif avec un système de culture riz & céréale d'hiver, dès les années 1970. Sans utiliser aucun engrais vert. Des cultures il laissait simplement *toute* la paille sur place. Cette simple paille suffisait à maintenir la fertilité de ses champs.

Cependant, en maraîchage les exportations sont plus importantes en quantité, car on n'exporte pas que la graine mais les fruits, les feuilles et les racines. D'où l'importance de l'engrais vert qui pousse après la culture principale : il faut le laisser en totalité sur place. *Ce faisant, on laisse sur place au moins la moitié de la production annuelle du sol, ce qui permet de maintenir sa fertilité.*

En 2018, j'ai entrepris d'expérimenter sur 6 m² le principe d'autonomie totale, avec un système {poivron, haricot, concombre et engrais vert}, après avoir utilisé une demi-brouette de compost pour « lancer » le système (système qui démarre de la prairie à l'état brut, sans même deux années de préparation).

Pour la totalité de mon jardin, je préfère « mettre toutes les chances de mon côté » et combiner les engrais verts et le paillage. Cela ne fait que repousser la question de la fertilité, me direz-vous : comment obtenir du foin et de la tonte d'une année sur l'autre, sans que les quantités ne baissent, étant donné que la surface de ma prairie et de mes allées sont fixes ?

Il suffit d'appliquer la même méthode : déterminer quel pourcentage de végétation produite annuellement (tonte ou foin) peut être exportée, sans nuire à la fertilité du sol, sans ramener aucun intrant autre que la pluie du ciel.

LES ALLÉES TOUJOURS FERTILES

Principe

Pour les allées, cela est fort simple : il suffit de tondre alternativement en mode mulching et en mode export (ramassage de tonte). Les tondeuses modernes sont équipées d'une fonction mulching : grâce à une lame à deux niveaux et à un carter fermé, l'herbe tondue est finement coupée et renvoyée au sol. Elle se décompose et cela « nourrit » le sol. Puis vous retondez en mode mulching, puis en mode export, et ainsi de suite. L'herbe récoltée sera répandue sur la terre des planches cultivées.

Sceptique ? Je vous invite à tester : comparez la vigueur et la qualité de l'herbe entre une surface que vous mulchez tout le temps et une surface dont vous exportez tout le temps les tontes. Après une année, la première herbe devient verte et touffue, la seconde tend vers le jaune et devient maigre. Avec un bêche, comparez les terres : la première montre en surface une couche noire épaisse (forte présence d'humus), la seconde une couche noire mince voire inexistante (peu d'humus présent). La première est riche en vers de terre, la seconde non. La biodiversité vous dit merci de mulcher !

Organisation des tontes

TONTES								
Grand jardin				Petit jardin	Côté route	Enclos	Autour maison	Devant atelier
« partie haute »		« partie basse »						
grandes allées	petites allées	grandes allées	petites allées					
Mulch 02/05	Mulch 02/05	Mulch 02/05	Mulch 02/05	Export 02/05	Export 02/05	Mulch 02/05	Export 02/05	Mulch 02/05
Export 21/05	Export 21/05	Mulch 21/05	Mulch 21/05	Mulch 21/05	Mulch 21/05	Export 21/05	Mulch 21/05	Mulch 21/05
Mulch 08/06	Mulch 08/06	Export 08/06	Export 08/06	Mulch 08/06	Export 08/06	Mulch 08/06	Export 08/06	Export 08/06

Il est indispensable de faire un tableau pour noter quand vous mulchez et quand vous exportez la tonte. Tenir à jour ce tableau est un bien petit effort pour garantir que vous aurez toujours de la tonte à disposition, tout en respectant la nature et en participant au stockage de carbone dans les sols (le sol d'une surface herbée ainsi gérée s'enrichit progressivement en humus, humus qui est une forme naturelle de stockage de carbone).

Le besoin en tonte est maximal au moment de faire les paillages en juin et en automne (étaler la tonte avant d'étaler le foin). On peut alors tondre deux fois de suite pour exporter l'herbe. En cours de saison, il faut de la tonte pour mulcher les planches de poireaux, carottes, céleris et betteraves : respectez l'alternance de tonte export et tonte mulching.

En fonction de la taille de votre terrain, il peut être intéressant de sous-diviser les allées. Dans mon jardin, j'ai ainsi défini sept zones de tonte !

Avantages des allées enherbées

Les chemins enherbés obligent à refaire les bords de planche, à l'aide du motoculteur lors de la préparation des planches au printemps, puis à la faucille en cours d'année. L'alternative était de faire des allées sarclées, à la terre nue et tassée, comme cela se fait traditionnellement. C'est aussi le choix de la majorité des maraîchers en AB. Mais le temps passé à sarcler n'est pas inférieur au temps passé à tondre. Et comme il pleut souvent en Normandie, de telles allées se transforment vite en bourbiers de glaise collante, dont les ornières deviennent dures comme du béton sous le soleil d'été. En cours d'année, l'herbe qui repousse à partir des allées vers le centre des planches est simplement coupée à la faucille : cela requiert peu d'effort, car cette herbe pousse sur le paillage des planches. Puis elle est laissée simplement sur le paillage, ce qui vient le renouveler. La faucille – appelée aussi faux à main – est un petit outil rapide, solide et simple à manier et à aiguiser, qui me rend un très bon service. Pourquoi vouloir faire plus compliqué ?

La tondeuse est réglée à la hauteur maximale de coupe (8 cm) : pas besoin de couper plus court. Et si vous le faîtes, vous favorisez les plantes en rosette (pissenlit et renoncule par exemple) au détriment de l'herbe. Donc l'herbe tondue rase tous les dimanche matin, c'est bien, mais uniquement autour du pavillon de papy, pour ne pas salir les chaussons, ou au terrain de golf ! Coupe haute et mulching favorisent la vie du sol, c'est-à-dire notamment les vers de terre[11]. Ces modestes travailleurs décompactent le sol des allées, ce qui diminue la différence entre le sol des allées et le sol des planches. Et alors, me demanderez-vous ? On ne va pas cultiver dans les allées ? La terre n'a pas besoin d'y être de qualité. Faux. Si le sol des allées devait être stérile et compact, les ravageurs ne pourraient pas s'y loger et iraient nécessairement dans le sol des planches cultivées, riche en matière organique, fertile, meuble. Quand l'allée est enherbée et tondue en mode mulching (au moins une fois sur deux), le sol des allées demeure souple et fertile, et les ravageurs n'ont pas de raison de le quitter. Les taupins par exemple vivent dans les racines des herbes. Qu'ils y restent ! Si vous faites des allées de terre tassée et sarclée, les ravageurs ne peuvent que vivre dans la terre des planches cultivées. Vous me direz, à la suite, que s'ils ne peuvent vivre que là, alors si on s'en débarrasse, on en sera débarrassé une bonne fois pour toutes. Aïe ! Si vous pensez comme ça, c'est que vous n'avez pas encore compris ce qu'est l'agroécologie. C'est que vous n'avez pas lu tous mes livres sur le sujet… Cette façon de penser en termes de tout

---

11 J'ai ici une pensée pour Christophe Gatineau, qui a fait de la défense du ver de terre un de ses combats. Les vers de terre sont de moins en moins nombreux, alors que ce sont eux qui créent l'humus, et donc qui sont responsables de la fertilité des terres. Si le ver de terre n'a pas de quoi manger (de la matière organique en décomposition), alors c'est l'être humain qui n'aura pas de quoi manger (des fruits et légumes riches en nutriments). Moins il y a de vers de terre dans les sols cultivés, moins les fruits et légumes sont nutritifs.

ou rien est simpliste, l'expérience l'a démontré. Car il est impossible d'éradiquer tous les ravageurs. Donc l'acte d'éradication devient en fait un acte de sélection : vous sélectionnez les ravageurs que vous n'êtes pas en mesure d'éradiquer. Et ceux-ci vont pouvoir se multiplier sans entrave, et les dégâts sur les cultures seront systématiques et totaux. C'est cette logique simpliste qui fait qu'aujourd'hui existent des bactéries résistantes à tous les antibiotiques, et des plantes résistantes à tous les herbicides. Et maintenant, on fait quoi ? On n'a pas le choix : il faut accepter de vivre avec la biodiversité. Et pour que la biodiversité ne nous envahisse pas, il faut lui consacrer certains espaces. Les allées enherbées (et les zones tampon) sont là pour elle. Et il faut consacrer un peu de temps à ces espaces, eh oui !

De plus, dans ces allées enherbées, on a l'impression de marcher sur un tapis : c'est très agréable pour les pieds. Enfin, l'importante hauteur de tonte permet d'aller vite, au pas de course même, avec une tondeuse autotractée. Entretien de la biodiversité, maîtrise des ravageurs et production de tonte sont réunis en un seul et même acte de travail.

Inconvénients des allées enherbées

Lors des années pluvieuses, la terre des allées se tasse tout de même sous les pas du jardinier, surtout en hiver. Là où elle s'est tassée, l'herbe cède la place à des plantes plus résistantes, hélas souvent envahissantes. Je suis notamment confronté à la renoncule rampante et je n'ai pas trouvé d'autre solution que de l'enlever à la main, là où elle prolifère trop. Plus précisément, cette plante typique des terres argileuses et engorgées en hiver, prolifère sur le bord des planches. Car le bord des planches est certes toujours paillé, mais il n'y pousse aucune culture. Je sème ou plante mes cultures à 20 cm du bord pour qu'elles ne s'étalent pas dans l'allée. Cette bande de terre est donc, pour la Nature, un espace vide. Et la Nature a horreur du vide.

Jusqu'à présent, en cinq ans je n'ai enlevé qu'une fois les renoncules, en mars 2018, avant que d'avoir trop à faire. Peut-être que des engrais verts bien semés en bord de planche permettront d'éviter ces désherbages fastidieux. Le Rhumex et les pissenlits, qui sont des adventices plus connues que la renoncule et qui effraient le jardinier débutant, ne sont pas gênantes : elles sont restreintes par les tontes.

Rythme de tonte

Pour finir, le rythme de tonte : il est déterminé par les saisons et par la météo. Ici en Normandie, en avril et mai on peut tondre tous les dix jours. Au-delà de quinze jours l'herbe devient trop haute, car elle pousse d'un centimètre par jour. En été, selon qu'il pleut régulièrement ou non, tondre tous les quinze jours est un bon rythme. Ici je tonds à partir de mars et jusqu'à la mi-décembre. Quand il me faut beaucoup de tonte, pour mulcher les planches de carottes, céleri, poireau et betterave, et pour en étaler avant d'étaler le foin de printemps et d'automne, je tonds tous les sept jours en alternant mulch et export.

LA PRAIRIE TOUJOURS FERTILE

Objectif de la gestion agroécologique d'une prairie

Voilà l'objectif que je me suis fixé : de cette prairie récolter du foin deux fois par an, sans que la terre s'épuise et qu'année après année les quantités de foin récolté ne diminuent pas, sans y épandre aucun engrais ou aucune sorte d'amendement. Bref : obtenir une prairie autonome. À partir de 2015 je suis arrivé à une technique qui me donne satisfaction. La quantité de foin récolté ne semble pas baisser.

Quatre années ne font pas toute une vie d'expérience, surtout que 2017 et 2018 ont été des années très sèches, qui ont vu la prairie totalement sécher en été. Malgré le retour des pluies, l'herbe n'avait repoussé que d'une dizaine de centimètres en octobre, donc il était impossible de faucher. Mais si le sol s'appauvrissait, je pense que cela se verrait au printemps : la nature de la végétation changerait, et le volume de foin diminuerait.

Principe

Quel pourcentage de végétation faut-il laisser sur place pour que le sol de la prairie ne s'épuise pas ? Le principe est le même que pour les allées : si on exporte tout, le sol va s'appauvrir. Si on n'exporte rien… on n'a rien ! Pour ma prairie, étant donné les caractéristiques de mon sous-sol et les conditions climatiques de Normandie, le pourcentage d'exportation est d'environ 30 %. C'est-à-dire que je laisse sur place 30 % de la production annuelle d'herbe.

Technique

Voici le calendrier des travaux pour ma prairie :

Année	Date	Action
1	Début mars	Tonte de toute la prairie en mode mulching
	Mi-mai	Début de la récolte du foin de printemps, c'est-à-dire du fauchage
	3 semaines plus tard	Tonte de la prairie en mode mulching
	Octobre	Début du fauchage d'automne Puis je laisse repousser l'herbe
2	Début mars	Tonte de toute la prairie en mode mulching

Après le fauchage de printemps, vers la mi-juin l'herbe poussée est ramenée au sol par la tonte mulching. Pourquoi ces trois semaines de délai ? Au-delà, l'herbe est trop haute pour pouvoir passer la tondeuse. Mais il faut qu'ensuite l'herbe ait le temps de repousser pour protéger le sol au plus fort de l'été (explications cf. plus loin). Après le fauchage d'octobre, l'herbe repousse jusqu'à la mi-décembre (soit deux mois durant). Toute cette herbe, (et celle qui aura un peu poussé en hiver, s'il est clément) est ramenée au sol par la tonte mulching début mars.

La durée totale de végétation est 9,5 mois, de début mars à mi-décembre. Sur ces 9,5 mois, la végétation qui aura poussé durant 2 mois et trois semaines est ramenée au sol. Soit un pourcentage de 2,75 / 9,5 = 29 %.

Retour d'expérience

Erreur 1

En 2013, l'herbe de la prairie était difficile à faucher. L'herbe se développait en énormes touffes, séparées par des vides de 10 voire 20 cm. Ayant entendu que des tontes régulières permettraient de mettre fin à ce développement en touffe, en 2014 j'ai décidé de tondre environ 500 m² de la prairie continuellement en mode export, de mars à novembre. Mon programme de gestion n'était pas encore tout à fait élaboré, et j'avais besoin de tonte. Je pensais que la prairie supporterait ces tontes sans problème. Hélas, quelle erreur ! Certes en 2015, les touffes avaient disparu, mais le sol s'était considérablement appauvri. En 2018 encore je constate qu'à cet endroit l'herbe est moins haute et plus maigre que dans le reste de la prairie. Cela malgré les tontes mulch que je pratique depuis 2015. Donc si vous avez une prairie difficile à faucher, la première année il faut continuellement la tondre en mode mulching. Surtout il ne faut exporter aucune tonte !

Cette erreur m'a appris quelque chose de très important : que la fertilité de ma prairie est précaire. Il suffit d'une année de mauvaise gestion pour la dégrader durablement. Cela s'explique bien sûr par la nature du sol, qui est une fine couche de 10 cm de terre arable au-dessus de couches d'argile. *Un sol superficiel ne tolère aucune erreur dans les soins qui doivent lui être prodigués* (retour de matière organique en surface, développement racinaire et protection contre les excès météorologiques). Certaines de mes connaissances ont des terres profondes, qui souffrent beaucoup moins de ne pas être paillées ou de ne pas recevoir d'engrais vert. Ces terres ont de biens meilleurs réserves (en eau et en humus) que la mienne. Elles tolèrent une agriculture moins « soignée ».

Inversement, c'est uniquement grâce aux techniques agroécologiques que ma terre peut être cultivée. Les techniques conventionnelles la détruiraient. Aux alentours, certains champs ont été abandonnés et retournés en prairie, mais même ainsi la fertilité du sol ne revient pas. C'est à peine s'il est possible d'y faucher l'herbe, tant elle pousse peu. Ainsi cette prairie appartenant à des voisins : auparavant c'était un champ de maïs. Maintenant, le peu d'herbe qui pousse est broyé ; donc toute l'herbe est ramenée au sol pour l'enrichir. Et ce depuis cinq années. Mais la terre demeure pauvre. C'est parce que les labours, trop profonds, ont mélangé la mince couche de terre arable à l'argile. Et il est certain que par le passé, l'agriculteur a demandé à cette terre superficielle de produire autant que les terres profondes. Il a donc exporté bien trop de matière organique, et le stock d'humus s'est trouvé épuisé. Cette terre, et ma terre et toutes celles aux alentours sont classées en catégorie 4 par l'administration, sur une échelle de 1 à 5. Ce sont donc, administrativement, de mauvaises terres, presque incultivables. Vous avez compris : cette classification des terres est faite par rapport aux techniques agricoles conventionnelles (labour profond et utilisation d'engrais). Tant mieux pour les agroécologistes ! Eux et moi sommes capables de faire fructifier ces « mauvaises » terres. Hélas, l'administration utilise cette classification pour justifier la transformation de ces terres en lotissement ou autres surfaces bétonnées… De même que l'argent est devenu le dénominateur commun de toutes choses et de toutes actions, l'administration continue à penser qu'il existe une technique agricole universelle (le labour profond) à l'aune de laquelle il faut juger toutes les terres. Une agriculture soumise à l'administration n'est pas une agriculture durable.

Erreur 2

En 2015 et 2016, je tondais en mode mulching directement après le fauchage de printemps, puis deux semaines après et encore une fois deux semaines après. Et je faisais de même après le fauchage d'automne. Je pensais, en procédant ainsi, maximiser le retour au sol de matière organique : trois mois et une semaine de pousse retournaient ainsi au sol. Mais je commettais une petite erreur. Voyez-vous laquelle ?

Cette erreur était de maintenir trop longtemps l'herbe courte, tondue. J'ai tondu trop souvent. Durant l'hiver 2016, chaque jour je voyais l'herbe courte, je constatais les températures basses, et mon « intuition » n'était pas satisfaite. Et un jour j'ai compris qu'une prairie n'est pas un gazon. Les allées, oui, sont proches d'un gazon : l'herbe y est maintenue courte tout le temps et cela n'est pas dommageable. Mais l'herbe haute est ce qui caractérise une prairie. C'est là, tout simplement, la différence avec un gazon ! L'herbe haute protège le sol contre les excès de chaleur en été et contre les excès de froid en hiver. Voilà qui est fort simple ! Mais ce n'est pas évident. C'est le *paradigme de l'herbe courte* : partout autour de nous, depuis l'enfance, nous voyons des gazons toujours tondus. Dès l'enfance on nous apprend que l'herbe haute, ça fait jachère, ça fait abandonné, ça fait sale, ça fait moche ! Faut bien qu'on achète des tondeuses, donc faut bien qu'on nous grave dans les neurones que l'herbe haute, c'est pas bien…

Laissez l'herbe pousser, elle ne va pas vous manger.

Le bon geste du faucheur

Le fauchage est l'occasion de mettre en lumière la totale manifestation, et la signification, du travail manuel : les réglages du manche de la faux et de la lame doivent être finement adaptés au faucheur, le geste requiert précision, souplesse et endurance. Le calme et la concentration sont indispensables. On parvient petit à petit à une efficacité optimale du geste manuel, qui est presque un art. L'homogénéité du résultat (notamment que l'herbe soit ramenée en randes et que le geste se termine bien) dépend de ces réglages fins et de ces nombreuses heures de pratique. Les randes d'herbe fauchée ne sont pas toujours parfaites, en comparaison du travail fait par un tracteur équipé d'une « toupie » pour faucher. Le geste manuel, en comparaison, semble irrégulier, mais c'est là précisément que réside « l'espace à conquérir », « la voie à explorer », c'est là que l'épanouissement humain peut avoir lieu, là où il y a tout à apprendre et où tout dépend de la volonté. Ressentir, réfléchir, agir…

Pour choisir la bonne taille de manche, pour choisir la lame adéquate, pour bien régler votre faux, pour acquérir le bon geste et, tout aussi important, pour bien battre et bien aiguiser votre faux, je vous recommande de suivre une formation. Il existe dans chaque région des personnes passionnées qui pourront vous transmettre ce savoir-faire. N'acceptez pas les conseils bienveillants des personnes qui affirment que les douleurs au dos et au poignet, c'est « le métier qui rentre ». Non : le fauchage ne requiert pas une grande force physique, et faucher ne fait pas souffrir le martyr. Sauf si votre manche est trop court et la lame inadéquate et pas assez battue. Hélas, les générations précédentes ont vécu dans la douleur du labeur physique (« souffrir avec le Christ – qui souffre bien vit bien »). Mais elles se trompaient : il n'était pas toujours nécessaire de travailler dans la douleur. Allons de l'avant, séparons-nous de ces pensées tristes.

Utiliser le débroussailleur :
une fausse bonne idée.

Le bon outil.
De gauche à droite :
Faux à lame dure
Faux à herbe
Fauchon pour débroussailler.

Avec une faux bien battue, bien aiguisée,
le manche de bonne longueur,
les poignées bien réglées, et un peu d'expérience,
vous faucherez 100 m² en 45 minutes.
Une fois fauché, rassemblez le foin en meule
tous les 50 m² environ.

La 1ère année, que d'efforts pour faucher !
Lame trop longue, trop épaisse, trop lourde,
mal aiguisée, manche trop court,
geste mal assuré...
L'initiation de l'apprenti faucheur
laisse ampoules et courbatures.

Pour mieux voir les jeunes arbres au milieu
de la prairie qui pousse, fauchez en rond et
ramenez le foin en couronne autour de l'arbre.

Le geste bien fait rassemble le foin en rande
Plus le geste est régulier, plus la largeur
et la hauteur de la rande sont constantes.

10 LES CONDITIONS D'UNE FERTILITÉ DURABLE

QUELLE FERTILITÉ POUR QUI ?

L'agroécologie n'est pas un ensemble de techniques censées engendrer une fertilité prodigieuse. Les rendements de la ferme du Bec Hellouin ou de la ferme de la Grelinette de Jean-Martin Fortier sont prodigieux. Et leurs chiffres d'affaires aussi ! Par mètre carré, leurs chiffres d'affaires est environ le quintuple du mien. Mais dans ces fermes se mêlent la permaculture et l'agriculture biologique intensive avec des intrants de fumier et de compost. S'il n'y a plus d'intrants, le sol de ces fermes devient stérile rapidement, vu la densité élevée des cultures.

L'autonomie implique d'une part de bien dimensionner la surface cultivable par rapport à la surface totale de votre terrain. Sur 5000 m^2 d'un terrain géré de façon agroécologique, on ne peut cultiver que 1000 m^2 au maximum, selon moi. Si on cultive plus, on a moins de foin et d'herbe à ramener sur la surface cultivée, donc il s'y formera moins d'humus, donc les cultures seront moins productives. Vous pouvez au contraire réduire la surface cultivée, pour augmenter la quantité de tonte et de foin ramenée par m^2, donc augmenter le taux d'humus, donc augmenter la productivité.

D'autre part, *l'objectif d'autonomie implique d'accepter que ce soit la nature qui fixe le rendement*. Vous ne pouvez pas dire « il me faut 1000 € par mois pour vivre, donc je vais faire une exploitation agricole agroécologique qui générera autour de 1500 € de chiffre d'affaires par mois. Donc il faut que dans le sol il y ait tel taux d'humus, tel taux de minéraux, pour que tel et tel rendement au m^2 ou mètre linéaire soit atteint. » Partir d'un CA prévisionnel, ce n'est pas de l'agroécologie.

Notez que l'agroécologie n'est pas idéale pour mettre en valeur une petite surface : la production par m^2 ne sera pas suffisante. Sauf à accepter de vivre, comme moi, sans femme et enfant et avec peu de revenu. La personne qui veut créer une micro-ferme pour en extraire un SMIC mensuel et assurer les besoins d'une petite famille doit se tourner vers l'agriculture biologique intensive (je reviendrai plus loin sur ces considérations importantes, qu'il m'a fallu plusieurs années pour comprendre).

Prenons un peu de recul : en agroécologie, comme pour toute activité en lien avec la nature, il est impossible d'atteindre la perfection technique et économique. La Nature ne se laisse jamais entièrement domestiquer, car elle possède tellement d'aspects que nous ne pouvons pas tous les connaître. L'objectif de fertilité pérenne sans intrant est un objectif dont on peut se rapprocher au plus près. Mais, en toute franchise, je ne sais pas s'il est possible de l'atteindre parfaitement. L'important de tendre vers cet objectif, sans jamais le compromettre. Car cette tension est la clé de la sensibilité envers la Nature et de l'innovation technique. Si j'avais renoncé à cet objectif, je ne serais pas parvenu à comprendre qu'une prairie n'est pas un gazon, par exemple. Ou les fonctions des engrais verts combinés aux cultures (cf. plus loin *Agroécologie avancée : combinaisons cultures–engrais verts*).

PAS D'ÉPUISEMENT DU SOL, C'EST CERTAIN ?

Assurer la fertilité à court terme

Après quatre années gérées de la sorte, ni la prairie ni les allées ne semblent produire moins d'herbe. Quatre années supplémentaires apporteront la confirmation, ou non, que cette fertilité est pérenne. Mais si la quantité de tonte et de foin baissent lentement d'année en année puis se stabilisent enfin, le niveau de production sera-t-il acceptable ? En Sologne, j'ai vu des champs labourés être abandonnés et remis en prairie, qui ne supportent même pas une seule fauche par an. La lande s'y installe lentement mais sûrement. Et je vois, près de chez moi, un champ qui était auparavant un champ de maïs, qui a été remis en prairie depuis une dizaine d'années. L'herbe y est broyée une fois par an, seulement. Et pas deux fois. Parce que l'herbe ne pousse pas assez. Combien de temps faudra-t-il attendre pour qu'un deuxième broyage soit nécessaire ? Sur la base de ces deux situations, il me semble qu'une prairie est pérenne quand elle « tient » tous les ans une fauche par an. Une fauche par an : l'avenir me dira si mon objectif de deux fauches par an est réaliste ou pas. L'important n'est pas le nombre de fauches : c'est la fertilité pérenne sans intrant. Si un printemps futur il m'est impossible de faucher, par manque de croissance de l'herbe, alors ce sera la preuve que ma gestion n'était pas durable ! Mais j'espère ne pas en arriver là.

À moyen terme

Peut-être qu'après 10-15 ans, la production de foin baissera drastiquement ? Si ce devait être le cas, est-ce si gênant ? Sur une périodicité de 10-15 ans, on peut décider de changer l'affectation des terres. La prairie pourrait être passée en jardin et le jardin en prairie tous les quinze ans par exemple. Une prairie, ça se sème !

À long terme

Pour garantir la fertilité à long terme, il n'y a qu'une seule chose à faire, et c'est une évidence : faire rentrer les arbres dans le système agroécologique. Les feuilles qui se déposeront en automne sur la terre cultivée et sur la prairie ne sont rien d'autre que les minéraux de la terre, pris à une profondeur bien inférieure à celle que peuvent atteindre les racines des cultures. À moins d'atteindre la roche-mère, aucune terre n'est jamais trop pauvre pour nourrir un arbre. Année après année, les feuilles des arbres participeront à maintenir la fertilité des couches superficielles de terre.

Le positionnement, la densité et les essences des arbres devront être choisies avec soin. Mais je n'ai aucun conseil à vous proposer ; le mieux est que vous partiez du verger de Fukuoka, tel qu'il l'explique dans son livre-clé la *Révolution d'un seul brin de paille*.

In fine, la fertilité de la couche superficielle de terre apte à recevoir des cultures dépend

- de ce qui peut venir du ciel (eau, lumière, chaleur et azote) ;

- de ce qui peut venir des couches inférieures de terre (Claude et Lydia Bourguignon expliquent cela bien mieux que je ne pourrais le faire) ;

- et des organismes qui vivent dans le sol ;

- les plantes formant le *centre de l'union* de tout ça.

Et les engrais verts ?

On maintiendra la fertilité mieux encore en intégrant les engrais verts. Les engrais verts maximisent la vie du sol et sont une source d'humus. Les combiner avec le paillage et la tonte est idéal.

Si le changement climatique se confirme et s'affirme, l'été Normand deviendra plus long, plus chaud et plus sec, à l'image de l'été 2017. L'herbe ne poussera plus suffisamment pour être fauchée en automne. Dans le jardin, il faudra faire avec moins de paillage, voire sans. Il faudra alors maximiser l'utilisation des engrais vert (comment, c'est ce qui sera expliqué au chapitre 13 Agroécologie avancée : combinaisons cultures–engrais verts). En espérant que les pluies de Normandie soient toujours au rendez-vous : à l'automne 2016, faute de pluie, les semis d'engrais verts d'hiver n'avaient pas levé. Ils ont levé au printemps suivant !

ET LES ANIMAUX ?

Faut-il inclure des animaux dans un système agroécologique, pour que la fertilité soit aussi durable qu'on puisse l'imaginer ? L'élevage et la polyculture caractérisaient l'agriculture traditionnelle française. Cette agriculture était durable. Du moins c'est ce qu'on aime penser, mais à y regarder de plus prés, elle ne l'était peut-être pas. Au 19e siècle l'usage des amendements minéraux et organiques étaient courants. On utilisait énormément de sable, de marne, de tangue, de guano, d'algues et de poudre d'os pour améliorer les terres. Je ne sais pas si et combien d'agriculteurs travaillaient en autonomie sur leur terre au sens de Fukuoka. Le fumier des vaches de la ferme suffisait-il à maintenir la fertilité des champs de la ferme ? A-t-on sérieusement cherché une réponse à cette question ?

Dans mon système, il y a des animaux, mais ils sont plus petits que les bovins : l'humus n'est rien d'autre que leurs déjections. Vers de terres et collemboles notamment consomment la matière végétale en décomposition et rejettent des excréments qui rendent, à nos yeux, la terre fertile. Il faudrait peut-être essayer d'élever les vaches directement dans la terre, à la place des collemboles, pour avoir plus d'humus… ?

Les animaux (les grands herbivores qu'on a en général envie d'élever : chevaux, bovins, ovins, caprins) produisent certes du fumier, mais avant cela il faut les nourrir. On part alors sur des considérations du genre « Quel pourcentage de mes cultures dois-je affecter aux animaux ? 10 % 30 % 90 %? » ou du genre « Si j'élève tant d'animaux, combien de nourriture cela fait-il en moins pour des humains ? ».

Dans les espaces naturels, dont on est censé s'inspirer en agroécologie, je ne sais pas si les déjections des grands herbivores participent au maintien de la fertilité des terres. Je crois que pour inclure des grands herbivores dans un système agroécologique, il faut s'inspirer de leur mode de vie dans la nature. Si on a en tête l'idée de faire une écurie ou une étable traditionnels dans un système agroécologique, je crois qu'on court à l'échec. *Dans un système agroécologique, on ne peut pas élever des animaux de façon traditionnelle. Il faut les élever de façon agroécologique.* Abris, façon de se nourrir, déplacements, soins, vie sociale, reproduction. Je ne saurais rien dire de plus à ce sujet. Si cela vous intéresse, comme point de départ à vos réflexions, vous pourrez vous renseigner sur le système agroécologique push-pull, inventé au Kenya, qui incorpore du bétail. Après tout, c'est comme vous et moi, cher lecteur : si l'agroécologie nous intéresse, c'est parce que nous ne voulons pas vivre comme le technicien ou le cadre qui travaille à l'usine, qui est la propriété d'une holding basée au Luxembourg… Nous voulons d'autres rythmes, d'autre lieux, d'autres *expériences de vie*. Les animaux qu'on voudrait élever de façon agroécologique méritent de même. Si nous voulons une autre vie, une vie meilleure parce que plus respectueuse de la Nature, il faut oser faire un pas dans sa direction.

11 LES LIMITES DE MON SYSTÈME AGROÉCOLOGIQUE

LES LIMITES DU PAILLAGE

Pailler, dit autrement recouvrir la terre de foin ou de paille, est une technique phare de l'agroécologie, de la permaculture et de l'agriculture naturelle. Quand bien même elle est fort simple, comme toute technique, elle a une ou des fonctions et une limite d'usage. Elle a des avantages et des inconvénients. Je rappelle ces fonctions : prévenir la surchauffe de la terre, maintenir la terre humide, réduire la levée des mauvaises herbes, créer un habitat favorable à la microfaune du sol, se décomposer et nourrir la terre. L'inconvénient du paillage est double : il faut faire le foin ou bien l'acquérir, et il faut l'étaler manuellement. Cela prend du temps. Les avantages sont son prix, faible voire nul et sa grande disponibilité. Et les limites d'usage sont au nombre de quatre :

1. Là où du foin ou de la paille ne sont pas aisément disponible, cette technique doit être abandonnée au profit des engrais verts combinés aux cultures et après-culture (cf. plus bas et chapitre *Agroécologie avancée : combinaisons cultures–engrais verts*).
2. Une deuxième limite d'usage provient en fait d'un malentendu généralisé : le paillage ne réduit la levée que de *certaines* mauvaises herbes. Deux groupes de mauvaises herbes poussent à travers le paillage : *Rhumex*, ortie, renoncule et chien-dent, chardons, liserons. Le premier groupe se laisser arracher assez facilement, mais le second pas du tout. Leurs racines prolifèrent à grande vitesse sous le paillage. C'est problématique, car en fin de culture il faut enlever manuellement leurs racines. De la planche de courges qui est restée paillée pendant 3 ans, j'ai sorti une brouette pleine de racines de liseron en quatre heures de travail.

Le paillage ne peut pas tout, je dois maintenant l'admettre. Quand je débutais, je ne jurais que par le paillage… Ceci fait tomber une autre technique, qui est beaucoup plus revendiquée en permaculture qu'en agroécologie, et qui accompagne nécessairement le paillage : le non-travail du sol. Quand on ne travaille pas le sol, il se remplit des racines les plus puissantes, qui sont celles des mauvaises herbes citées. Remettre une couche de paillage n'y change rien. Je le vois avec mes artichauts, qui sont en place depuis 2014 et qui ont toujours été paillés deux fois par an. Ils sont maintenant envahis de liseron. Je n'ose même pas regarder sous le paillage, mais c'est évident qu'il y a là un réseau dense de racines de liseron. Cela n'est pas sérieux, et je le sais. C'est « hors contrôle » ! La situation est la même pour la rhubarbe, qui est continuellement paillée. Je ne connais aucune plante dont les racines seraient répulsives pour celles de liseron, de chardon, d'ortie et compagnie.

3. Le paillage n'assure pas une fertilisation optimale du sol. Il n'assure qu'une fertilisation dans les trois premiers centimètres de sol. Il doit être complété avec des engrais verts avant et après, pour que leurs racines se décomposent et enrichissent le sol de -3 à -20 cm.
4. Maintenant la terre humide et souple en dessous, le paillage attire donc les taupes et, à leur suite, les campagnols. Il est à proscrire pour tous les légumes-racine.

Bref : il faut utiliser le paillage à bon escient. Le paillage pour les salades et les haricots, et le paillage par-dessus les engrais verts fauchés, entre juin et fin septembre, a des effets positifs pour la terre. Mais *le paillage continuel n'est pas bon* ; il protège et nourrit la terre, certes, mais il fait proliférer certaines mauvaises herbes plus encore qu'un labour avec un tracteur industriel. Il favorise les mauvaises herbes les plus envahissantes et les campagnols, alors qu'il protège et nourrit la terre. C'est paradoxal. Pour certaines cultures, le paillage est une technique trop proche de la nature, voire trop *dans* la nature. Pour que les légumes-racine ne se fassent pas dévorer, il faut au contraire veiller à ne pas pailler le sol, afin que celui-ci se tasse et s'assèche, ce qui n'attirera pas les taupes donc pas les campagnols. *Il faut faire en sorte que la terre ne soit pas respectée afin que les cultures de betterave, carotte, panais, etc. arrivent à terme*. Dit autrement, mimant au plus près la nature, pour certaines cultures le paillage est contre-indiqué. Preuve s'il en est que l'agriculture ne peut pas s'inscrire totalement dans la nature. Preuve s'il en est que l'agriculture idéale, qui n'interférerait dans aucun des cycles de la nature, n'est pas possible. L'agriculture sera toujours un peu, quoi que nous inventions, contre-nature. Le jardinier agroécologiste, qui pourtant a fait vœu de cultiver en respectant la Nature, doit vivre avec ce paradoxe dans son cœur. Et il doit apprendre à aller de l'avant grâce à ce paradoxe…

LIMITES CLIMATIQUES ET GÉOGRAPHIQUES

Pour les sols comme le mien, argileux et superficiels, sans réserve, à la limite de la stérilité, le changement climatique pourrait signifier l'abandon : la sécheresse 2016-2017 avait anéanti toute vie dans le sol. Le sol, là où il ne s'était pas fendu en blocs devenus durs comme de la pierre, s'était transformé en poussière sous le paillage ! La prairie avait entièrement séché et par endroit jauni. Heureusement que les pluies sont revenues en août 2017, sans quoi mon jardin périclitait. Mais la sécheresse intense de juillet 2018 a de nouveau, sous les paillages, transformé la terre en poussière.

Vous comprendrez que mon système agroécologique basé sur la prairie n'est pas généralisable. Il n'est valable qu'au Nord de la Loire, dans un climat océanique tempéré. Si le climat change, il me faudra penser sans la prairie, donc sans foin donc sans paillage.

Au Sud de la France, là où la pluviométrie est faible et la chaleur élevée et constante, mon système n'est pas indiqué. Pour rester fidèle au principe d'autonomie, il faudrait alors utiliser les engrais verts en alternance stricte avec les cultures, voire faire une voire deux cultures successives d'engrais vert pour une culture de consommation (culture de consommation une année sur deux voire une année sur trois). Le tout dans un système agroforestier, les arbres générant un micro-climat efficace pour tempérer les extrêmes d'ensoleillement, de chaleur et de sécheresse.

Toutefois, je suis convaincu que les limites de l'agroécologie peuvent être repoussées beaucoup plus loin que les limites de l'agriculture conventionnelle. En faisant de la Nature notre alliée, en faisant l'effort de la connaître, de la *ressentir* puis de la comprendre, afin de la respecter, le jardinier agroécologiste est beaucoup plus créatif que le chercheur en génétique agricole dans sa tour d'ivoire. Dans son laboratoire. La Nature respectée stimule l'imagination mille fois mieux que la Nature mise sous contrôle par les tracteurs et les pesticides. Dans le chapitre 13, je vous montrerai comment j'ai fait évoluer mon agroécologie, sur la base de ce que je suis parvenu à ressentir en étant chaque jour au contact des plantes et de la terre.

AGROÉCOLOGIE, AGRICULTURE TRADITIONNELLE ET SIMPLICITÉ

On se trompe en pensant que l'agroécologie consiste à cultiver comme au bon vieux temps. Et on se trompe aussi quand on imagine ce bon vieux temps. Trop de personnes imaginent l'agriculture traditionnelle ainsi : « Dans le temps, on faisait comme ça, on a toujours fait comme ça et on a toujours eu des récoltes. Depuis qu'il y a eut des papes à Avignon ». Cette conception de la *technique agricole immuable* est un mythe moderne. Si Olivier de Serre a écrit son traité sur la nouvelle agriculture en 1600, soyons certains qu'il y avait des milliers d'agriculteurs comme lui dans toute la France, qui étaient aptes à lire cet ouvrage et qui voulaient lire ce genre d'ouvrage (demande qui est prouvée par le nombre très élevé de rééditions au 17e siècle). Si les propriétaires terriens d'alors lisaient ce genre d'ouvrage, c'est qu'ils étaient réceptifs à la créativité agricole. Et s'ils étaient réceptifs, c'est parce que eux-mêmes devaient être des créateurs d'outils et de techniques agricoles.

L'agroécologie n'est pas un retour à l'agriculture du 19e siècle.

On pense à tort que l'agriculture conventionnelle moderne est compliquée et que l'agroécologie (et la permaculture), qui entend se différencier de cette agriculture, doit donc être simple. C'est encore une erreur. Et certains se lancent en agroécologie ou en permaculture, avec en tête une « micro-ferme » qui générerait 50 000 € de CA annuel. C'est là encore une erreur en lien avec la simplicité. Ces néo-paysans se lancent dans leur projet en pensant qu'il *suffit* d'appliquer tel ou tel ensemble de techniques. Moi cela m'impressionne de voir quelqu'un qui démarre en agriculture en utilisant toute une panoplie de techniques, en faisant tout un tas de cultures variées, avec des milliers de m^2 de serre. Moi j'ai démarré « petit », et j'ai augmenté ma production au fur et à mesure que je comprenais de mieux en mieux ma terre et mes plantes. Je suis certain que les échecs de culture rencontrés par certains néo-paysans viennent de là : les échecs sont importants parce que leurs cultures sont surdimensionnées par rapport à leur savoir. Pourquoi se lancent-ils dans de tels projets ? Parce que untel a fait 80 000 € de CA avec ces techniques…

Ce qui signifie que si un agriculteur agroécologiste néophyte se contente de mettre en pratique certaines techniques, et qu'il n'a pas les capacités intellectuelles ou la volonté pour être créatif, sa terre ne sera pas durablement fertile. Il ne comprendra pas de quoi son sol a besoin et il ne saura donc pas quoi faire pour le préserver. Les fermes et jardins agroécologiques ne seront pas durables s'ils sont mis dans les mains de personnes qui veulent juste « suivre des recettes » pour gagner de l'argent.

Entre la technique et la durabilité, il y a l'humain, encore et toujours. C'est cela l'agroécologie !

12 AGROÉCOLOGIE DE BASE : CONDUITE DES CULTURES

Qu'entend-ton par *conduire* une culture ? C'est la succession des actions suivantes :

1. Préparer la planche
2. Faire le semis directement en place ou faire les semis en plaque et ensuite les planter
3. S'assurer de la croissance
4. Récolter
5. Mettre en place l'après culture.

La préparation agroécologique des planches nécessite au préalable encore quelques explications détaillées. Après quoi je vous montrerai espèce par espèce comment conduire chaque culture de façon agroécologique.

PRÉPARATION D'UNE PLANCHE : EXPLICATIONS SUPPLÉMENTAIRES

Quelle est la bonne date pour préparer une planche ? De la fin de l'hiver à la fin du printemps : c'est évident, c'est la période idéale pour préparer un planche à recevoir un semis ou des plants. Même si une culture ne doit être semée qu'en juillet, tels que les haricots, il faut quand même préparer la planche au printemps. On enlève la bâche noire, on coupe l'herbe des bordures à la faucille, on arrache quelques mauvaises herbes qui auraient survécu à l'hiver et au passage sous la bâche. On met tout cela, herbes coupées, restes de mauvaises herbes et de paillis, de côté : rhubarbe et artichauts peuvent être paillés avec.

Puis on passe la grelinette et on attend que la terre s'assèche ni trop ni trop peu. Il ne faut jamais passer la grelinette puis attendre l'été ! La terre serait alors bien trop sèche. Elle doit être humide *à point*. Oui, cela requiert de l'expérience pour percevoir cette humidité adéquate de la terre. Trop humide, le motoculteur l'émiettera grossièrement. Il fera des boulettes d'1 ou 2 cm, qui par la suite durciront comme des cailloux. Cela ne fait pas un lit de semence adéquat : trop grossière, cette terre mal affinée n'entoure pas bien les graines, donc celles-ci ne s'hydratent pas assez et lèvent mal. De plus, les limaces se cachent facilement dans les interstices entre ces grosses boulettes de terre. La culture a donc plus de probabilités d'être ravagée. Si la terre est trop sèche, le motoculteur émiettera très finement la terre. C'est parfois avantageux pour la levée, parfois non. Si de grosses pluies ont lieu juste après le semis, il se formera sur la terre une croûte de battance, c'est-à-dire qu'en surface la terre s'est liquéfiée et qu'en séchant il se forme une pellicule de compacte et dure. Et les graines n'arriveront pas à la percer. Plus votre terre est argileuse, et moins elle est riche en humus, plus il faut prendre garde d'éviter cela. Même par la suite, une terre travaillée quand elle est trop sèche tend à se compacter lors des arrosages. Mais parfois on n'a pas le choix : il faut travailler la terre même si elle est trop sèche ou trop humide. Advienne alors que pourra ! Ce sont les risques du métier.

Les semis de carotte ratent facilement dans une terre argileuse : les minuscules graines ne parviennent pas à percer la croûte de battance. Mieux vaut alors ne pas arroser du tout le semis, et enfouir les graines plus profondément : à la profondeur du début d'humidité. Quelle est cette profondeur ? À vous de voir ! Grattez la terre à la main, jusqu'à arriver à la profondeur où elle est encore humide. Et réglez votre semoir à cette profondeur.

Bien sûr, avant de passer le motoculteur, vous aurez épandu les cendres et le compost nécessaires selon les cultures prévues. Vous pouvez épandre un peu de tonte pour l'incorporer à la terre, mais la quantité doit être faible : une demie brouette pour 15 m^2. Si vous en mettez plus, cela fait bourrer le motoculteur, qui ne fait alors que pousser la tonte en la laissant à la surface. Perte de temps !

Vous me direz que cette préparation du sol est assez semblable à ce qui se fait en agriculture conventionnelle, le labour étant remplacé par le passage de la grelinette. Après quoi, un affinage de la terre est indispensable en agroécologie comme en conventionnel. D'ailleurs, on peut dire que passer la grelinette, c'est labourer. Certes, mais la mise en place d'une bâche début mars, et avant cela l'implantation d'un engrais vert en automne, font toute la différence ! La terre a été protégée et enrichie tout au long de l'hiver. Elle est riche en matière organique et en vie : en vers de terre notamment. Notez qu'en agriculture conventionnelle, l'usage d'engrais verts devient de plus en plus fréquent, ce qui est une bonne chose. Dit autrement : c'est une preuve que protéger le sol par des cultures dont c'est la fonction (les engrais verts), cela améliore bel et bien le sol ! Sinon les agriculteurs industriels n'auraient aucun intérêt à adopter cette technique.

Voyons maintenant la conduite des cultures, semis, plantations et l'après-culture, espèce par espèce.

SALADE

Je sème les salades en plaques alvéolées de 84 trous. À partir d'avril je fais une plaque par semaine, jusqu'à fin juin. Je commence à les planter à partir de la mi-mai. Selon les années, j'ai entre 20 et 50 % de pertes dues aux taupins et à la chenille de louvette (une terriblement vorace chenille qui vit dans la terre et adore les racines de salade). Ces pertes se font dans les premiers jours après la plantation, aussi est-il possible de replanter rapidement. Je contrôle les plants matin et soir : dès qu'un plant fane, je le retire et je trouve le coupable dans le collet. Les limaces mangent de préférence les plants qui commencent à être attaqués par les taupins ou la chenille ; elles ne sont donc pas une cause mais une conséquence.

La surface nécessaire pour planter toutes ces salades est d'environ 55 m^2, soit trois planches. Avant la mi-mai je prépare donc le sol avec la grelinette et le motoculteur. Je répands uniquement de la cendre. Ensuite, je mets en terre les plants qui sont prêts. Je ne paille pas cette première planche de salade : un paillis si tôt ne fait que favoriser la prolifération des limaces. S'il le faut, je recouvre la planche d'un tunnel : des arceaux en fer à béton, enfilés dans du tuyau d'arrosage premier prix, sur lesquels je fais reposer de la bâche de serre. Par la suite, si des journées caniculaire sont annoncées, je remplace cette bâche de serre par un filet d'ombrage. Ainsi les salades gardent de superbes feuilles et n'ont pas de « coup de chaud » qui les ferait monter en graines.

L'inconvénient de procéder ainsi, sans paillage, est qu'un désherbage est nécessaire. Pour les planches suivantes de salade, je paille. Je prépare le sol comme d'habitude, puis j'y étale de la tonte à raison de deux brouettes pour 25 m^2, et j'étale du foin. Il ne faut pas dépasser 10 cm d'épaisseur ! Je plante les salades en écartant simplement le paillage, à 25-30 cm en tout sens. Soit sur une largeur de 120 cm quatre rangs de salades et sur une largeur de 150 cm cinq rangs de salades. Je recouvre également ces planches d'un voile d'ombrage si nécessaire.

En l'absence de pluies, je fais quatre arrosages par semaine, le soir. Le voile d'ombrage est écarté les jours de pluie. Les arrosages fréquents font que tonte et paillage se décomposent bien et nourrissent donc le sol.

Le voile d'ombrage ne doit pas être utilisé trop souvent. Ce ne doit être qu'une aide temporaire, entre 14 heures et 17 heures, au plus chaud des journées qui dépassent les 35 °C. J'ai remarqué que sinon il empêche certaines salades de pommer (la batavia rouge par exemple).

Les dernières récoltes de salade ont lieu début octobre. À partir de la mi-septembre, je fais des semis d'engrais vert. Je retire les restes de paillage, je passe le motoculteur, je sème l'engrais vert à volée, je passe la griffe pour enterrer légèrement les graines, je re-étale les restes de paillage par-dessus et j'arrose. L'engrais vert va lever au travers du paillage. Je le laisse en place jusqu'à début mars. À cette date je le fauche et le laisse sur place, je le recouvre de foin s'il m'en reste et je recouvre le tout de la bâche noire.

Quels engrais verts utiliser après quelles cultures ? Cela vous sera expliqué au chapitre suivant.

COURGETTES DE PLEIN CHAMP

Je sème les courgettes en godets. Je fais quatre semis : 3ᵉ semaine d'avril, 2ᵉ de mai, 1ᵉʳ et 3ᵉ semaine de juin. Cela me permet d'avoir des courgettes jusqu'à début octobre. Je consacre deux planches aux courgettes. À partir de juin, j'étale du foin sur la planche, ce qui stoppe la levée des mauvaises herbes et permet aux courgettes de bien s'étaler sur le foin. Puis je les plante en écartant le paillage et en mélangeant du compost à la terre (environ 3-4 L par pied de courgette), avec 80 cm entre chaque pied. Une fois les cultures terminées, je fais des engrais verts, ou de la mâche ou bien je prélève de la terre qui servira de terreau pour l'année suivante.

MÂCHE

Je fais deux cultures de mâche. Sur la première planche de courgettes, après les courgettes je fais un premier semis de mâche à la mi-septembre. Je fais le second semis sur la planche qui a reçu les premiers et seconds choux-fleurs (qui auront été récoltés en été), dans la seconde semaine d'octobre. Le premier semis de mâche est d'une variété à grosse graine, qui lève bien quand la terre est encore chaude. Le second semis est d'une variété à petite graine, qui requiert une terre un peu refroidie pour lever. Cette variété tiendra aussi plus longtemps (jusqu'à fin février) que la première et, en théorie, elle sera bonne à vendre pour les fêtes de fin d'année.

Avant de semer, j'enlève les restes de paillage et de culture et je passe le motoculteur. J'ai testé trois techniques de semis : le semis à la volée, le semis avec un semoir de précision Earthway ® et le semis avec un antique semoir Aka, en continu. Dans tous les cas, après avoir fait le semis, j'étale du foin avec une faible épaisseur (1 cm). S'il venait à pleuvoir trop fort, le foin évite que la terre ne se tasse et bloque la levée de la mâche. La mâche lèvera au travers du paillage et s'étalera par-dessus.

Pour l'instant, j'ai obtenu les meilleurs résultats avec le semis à la volée. Pour le réaliser, il faut peser la quantité de graines adéquate à la surface à ensemencer, en utilisant les indications du semencier. Le semoir Earthway permet une levée régulière, mais il faut bien le régler. Il sème en poquets, et à chaque poquet il faut déterminer quel est le nombre idéal de graines. D'où le choix du disque de semoir qui doit être judicieux, en fonction du nombre et de la taille des trous dans le disque. Il faut faire des essais ! Le semoir Aka donne de bons résultats, à condition de bien régler la profondeur. Il tasse plus fortement la terre que le semoir Earthway, aussi la profondeur de semis doit-elle être inférieure.

La culture de mâche reste en place tout l'hiver durant. Elle joue un modeste rôle de protection du sol, moins efficace que le couple {engrais vert-paillage}. Début mars, la mâche commence à monter en graines. Je recouvre alors les planches de bâche noire. Les restes de mâche en surface, ainsi que ses racines, se décomposent très bien : en mai tout a disparu. Mais c'est tout de même une culture qui protège peu la terre en hiver. Je m'assure donc d'avoir du foin à étaler sur la mâche début mars, avant de la recouvrir de la bâche. Ainsi les vers de terre ont-ils plus à « manger ».

FÈVES

Fèves de plein champ

Sur une planche de 25 m², j'effectue un semi à la mi-avril. Je bâche donc cette planche à la mi-février. Pour ces semis précoces dans l'année, il arrive souvent qu'il soit impossible de travailler le sol en mars.

Je passe donc la grelinette à la mi-février, après avoir fauché l'engrais vert et avant d'étaler la bâche. En avril, s'il est impossible de passer le motoculteur, j'affine la terre à l'aide d'un cultivateur à plusieurs dents. À cette date-là, il y a encore peu de travail à faire au jardin : je peux donc me permettre ce travail manuel exigeant en force et en temps. En 2019, entre les rangs, début mai je sèmerai de la chicorée, au lieu d'étaler du foin.

La récolte des fèves s'étale de la mi-juin à la mi-juillet. À la mi-juillet, j'enlèverai tous les restes de culture de fève, je couperai les feuilles de chicorée et je sèmerai de la phacélie à la place des fèves. J'étalerai du foin au-dessus de ce semis, sans pour autant recouvrir les chicorées. La phacélie occupe le terrain jusqu'à début octobre. À cette date je l'enlèverai et referai éventuellement un semis d'engrais vert. On verra bien quelle inspiration j'aurai le moment venu !

NOTE : En 2018, pour cause d'organisation encore imparfaite (mais le sera-t-elle jamais ?), j'ai planté les chicorées à la suite des fèves, l'espace prévue et libéré par les premiers choux-fleurs ne suffisant pas. Mais elles n'ont pas grossi assez, pour cause de sécheresse en août/septembre.

J'ai conscience que pour le débutant, il peut paraître compliqué de savoir quelle après-culture choisir, et quand la semer ou la planter. Car certaines années, trop sèches, ne permettent pas de semer en septembre et en octobre. Cela s'était produit en 2016 par exemple. Il faut s'adapter, c'est ainsi ! Ce n'est qu'avec l'expérience qu'on prend les bonnes décisions… Même le meilleur des livres, même les tutoriels sur internet et même une formation en bonne et due forme ne vont pas vous apporter ce que l'expérience vous apportera. Les années qui passent, patience, persévérance, observation, ouverture d'esprit : tout cela ne peut pas s'acheter. Bienvenue hors de la société capitaliste ! Bienvenue dans la vraie vie ! Il faut oser !

Fèves sous serre

Après les melons, fin octobre je fais un semis de fèves. Je mets tous les restes de culture de melon au compost. Je réutilise les restes de paillage : je les aligne et entre je sème les fèves. Ainsi l'espace entre les fèves sera couvert tout l'hiver durant. Je prévois des piquets et de la corde pour maintenir les fèves, qui atteindront environ 120 cm de hauteur. Quand elles ont atteint cette hauteur, en avril, je les étête en pinçant avec les doigts le bourgeon apical. Ainsi les gousses seront bien remplies. La récolte démarre en mai et va jusqu'à début juin.

Quand la récolte est terminée, j'arrache tout, je laisse tout sur place et je recouvre le tout de foin. Début juillet je plante dedans les melons.

Si le semis ne lève pas bien, il est toujours possible de semer en godet ou en caissette et de mettre en terre les plants dès qu'ils ont deux feuilles. Les fèves tendent à pourrir si elles sont semées trop profondément. Mais semées trop près de la surface, dès qu'elles germent elles attirent les rongeurs. Ceux-ci vont couper les germes et défouir les graines ! Pensez donc à piéger à partir du moment où vous les avez semées. Au pire, il faudra resemer en février.

MELON

La culture du melon, en Normandie, se fait obligatoirement sous serre. Parce que le melon nécessite les plus hautes températures de la région, bien sûr ! Ou non ? J'ai fait deux saisons de melon sous serre ; en 2018 il faisait si chaud que j'arrosais abondamment les pieds, jusqu'à ce que les feuilles ne fanent plus sous l'effet de la chaleur. Les melons ont bien grossi, mais il a fait froid début septembre et ces gros melons n'ont donc pas réussi à mûrir et à sucrer. C'est donc une culture risquée. En 2019, je les ferai en pleine terre, c'est-à-dire que je les sèmerai en place aux alentours de la mi-mai. J'ai aussi appris en 2018 que seules les abeilles pollinisent le melon. Apparemment. Je sèmerai donc le melon dans un engrais vert mellifère (cf. chapitre suivant sur les engrais verts combinés). Et je laisserai les melons se débrouiller. S'ils ne sont pas gros, au moins parviendront-ils à mûrir en septembre.

HARICOTS

Haricots nains mange-tout

Après les tomates, les haricots mange-tout sont ma deuxième culture en termes de chiffre d'affaires. Je m'évertue donc à apporter le plus grand soin possible à cette culture. J'effectue les premiers semis à partir de la mi-avril, sous tunnel, et les derniers à la mi-juillet.

Une fois la terre affinée, je fais le semis de haricots et de part et d'autre j'étale du foin (pour les semis à partir de fin mai). Les années passées, j'ai essayé d'autres techniques de paillage : pailler une fois les haricots levés ou pailler avant de semer. Pour semer j'écartais le paillis ou je le coupais au couteau à dents. Pailler une fois que les haricots sont levés n'est pas pratique : on abîme facilement les plants. Quant à la seconde méthode, elle prend trop de temps et il n'est pas facile de faire un sillon dans la terre avec du paillage de part et d'autre.

Rythme d'arrosage des haricots pour qu'ils ne prennent pas le fil : trois fois par semaine, le soir. Ne pas arroser sans pomme d'arrosoir ou avec un jet trop fort, car cela compacte la terre au pied des plants et il me semble qu'ils deviennent moins productifs.

Haricots grimpants

Je fais un seul semis de haricots grimpants début juin : ils seront récoltés en tant que haricots secs ou demi-secs. Travail habituel du sol au préalable, installation du grillage (grillage à mouton sur des piquets de 2 m de hauteur). Arrosage : au moins une fois par semaine. Pour augmenter le rendement, je sème une ligne de chaque côté du grillage !

Après-culture

En octobre je porte tous les restes des plants de haricot-nain au compost : ils ne font pas un bon paillage (décomposition trop rapide). Je passe le motoculteur, je sème un engrais vert et par-dessus j'étale du foin. Pour enlever les restes de haricots grimpants qui sont entourés dans les mailles du grillage, je laisse faire le temps ! C'est-à-dire qu'en octobre j'enlève les grillages sans me soucier de les nettoyer. Le gel de l'hiver rendre friables les tiges de haricots qui sont partout enroulées ; je nettoie donc les grillages en février/mars, ce qui est bien plus facile qu'en octobre.

POIS

À partir d'avril, je travaille le sol comme d'habitude et je sème les petits pois et les pois mange-tout. Mais en Normandie souvent le printemps est trop pluvieux pour faire ça ! Je dois donc semer les pois dans des cageots, et je les plante à partir de mai, s'il le faut ! Cependant, les pois plantés développent moins de racines que les pois qui lèvent en pleine terre ; ils produisent donc une récolte moindre. Mais qui est toujours préférable à pas de récolte du tout.

Les récoltes de petits pois et pois mange-tout se terminent en juillet. Après elles je fais un semi de phacélie ou autre, qui reste en place jusqu'aux gelées. Théoriquement je pourrais planter des scaroles à la suite des pois : je l'ai fait une année, mais les scaroles ne sont pas vendables. Elles ont trop de tâches rousses causées par les grignotages des limaces ! Dame Nature décide, et même si c'est dommage je ne peux rien contre ses décisions.

CHOU-FLEUR

Semis et plantation

Je fais quatre semis de chou-fleur : en février, mars, avril et mai. Dès que possible en avril, je plante les premiers semis dans une terre affinée et sans paillage, recouverte d'un tunnel du genre tunnel nantais. Cette planche a donc été bâchée début février. Les derniers semis sont plantés dans une planche paillée.

Pour les premiers semis, il est important que la terre reste nue pour éviter la prolifération des limaces. Celles-ci sont attirées en très grand nombre par les choux. Je les ramasse matin et soir, et de place en place j'installe une tuile sous laquelle les limaces se réfugient quand le soleil se lève : il suffit alors de les y ramasser. Les limaces finissent comme nourriture pour les poules, qui font alors de délicieux œufs ! J'ai bien sûr fait plus de plants que nécessaire, pour remplacer aussitôt ceux que les limaces parviennent tout de même à dévorer.

Cela me désole de laisser la terre nue, surtout qu'en Basse-Normandie avril et mai sont parfois très secs, sous un vent d'Est. J'ai donc envisagé deux techniques. La première consisterait à semer un engrais vert à l'automne, qui puisse passer l'hiver et dans lequel il soit possible de planter les choux-fleur à la mi-mars. Le feuillage de cet engrais vert protégerait les jeunes choux du vent sec. Mais d'une part cet engrais vert serait trop haut pour tenir dans le tunnel, et il serait un excellent refuge à limace. La seconde technique serait de semer un engrais vert en même temps que je plante les choux. Mais aucun des engrais verts disponibles dans le commerce ne peut lever si tôt, dans une terre encore froide. J'ai donc identifié une mauvaise herbe qui pousse spontanément très bien : le chénopode blanc. Cette plante est gênante quand elle est grande. Petite, et en grande densité, elle fait un très bon couvre-sol, qui est facile à arracher lorsqu'elle atteint 20 cm de hauteur. Avec une telle densité, les choux et la terre sont protégés du vent d'Est asséchant. Je vais tester cette technique en 2019, et je testerai aussi le semis de radis oléifère. Éventuellement, des « cloches » à choux, faites de moustiquaire métallique, pourraient être une solution contre les limaces. Oubliez la cendre et les copeaux dans lesquels les limaces sont censées « baver à mort » : quand la terre est humide la cendre et les copeaux le deviennent à leur tour et les limaces les traversent sans état d'âme.

Aparté : le chou-fleur humaniste

En 2017 j'ai semé des choux-fleur en octobre, que j'ai planté en mars en 2018. Les choux n'ont pas bien poussé, entre les ravages causés par les limaces et le vent d'Est dessicant. Les plants ayant passé l'hiver à l'abri dans la jardinerie, leur feuillage était trop mou. Je tenais à vous faire part de cette expérience pour une raison : elle illustre bien la limite de l'agroécologie. Il n'est pas naturel de faire pousser ainsi des choux-fleur. Si j'ai essayé cette technique, c'est parce que j'ai cédé à la demande de la clientèle pour les légumes primeurs ! Clientèle qui demande des choux-fleurs très tôt dans l'année. Mais clientèle qui d'une année sur l'autre n'est pas toujours au rendez-vous ! Si vous voulez faire des cultures hors-saison, ne cherchez pas de solutions dans les principes agroécologiques. Vous n'en trouverez pas. Mieux vaut alors renoncer à l'appellation « agroécologique ».

À chaque saison ses cultures : voilà ce qu'il faut faire comprendre à la clientèle. Les légumes hors-saison ne sont pas nourrissants, car ils ne poussent pas bien. Mais l'agriculture industrielle et ses commerçants ont fait croire aux gens que c'est un « progrès » que de manger des courgettes et des tomates en mai. Il faut être idiot et ignorant pour croire ça, mais la majorité des Français, comme de tous les peuples des sociétés dites « développées », sont idiots et ignorants, c'est un fait. Ces peuples sont dénaturalisés. Ils ne savent plus ce qu'est la Nature, ils préfèrent l'argent et les machines... L'agroécologie n'a pas à se déformer pour leur faire plaisir ! Laissons l'agriculture industrielle et le commerce à grande échelle de fruits et légumes, conventionnels comme bio, faire comme ils l'entendent, dans une course effrénée à l'argent. Pour ces producteurs et pour ces vendeurs-là, et pour ces consommateurs-là, la vie c'est l'argent. *Pour le jardinier agroécologiste que vous désirez devenir, la vie c'est autre chose que l'argent.* C'est immensément autre chose. L'argent a été inventé pour une seule et unique raison : contraindre les gens à faire des activités qu'ils n'aiment pas. Imaginez une société où chaque individu exercerait une activité qui le passionne. Que de savoir-faire ! Que d'expériences ! Que de transmissions des savoirs ! Que de qualité de vie ! Que de santé des corps et de paix des âmes ! Voilà ce que serait une société « développée » – parce qu'elle aurait eu le courage de bannir l'argent.

Que le lecteur m'excuse ce glissement de la technique à la psychologie de vente à la politique, mais de mon point de vue, il ne sert à rien d'inventer des techniques si celles-ci ne permettent pas à l'humain de s'améliorer. Les nouvelles techniques qui servent à conforter les vieilles habitudes... voilà qui est une incroyable perte de temps et d'énergie. Voyez de nos jours les innombrables appareils techniques que nous vendent les commerçants, pour nous éviter de suer et de réfléchir. Toujours plus, toujours plus rapide, toujours plus facile... bref un soi-disant progrès technique qui en fait entretient notre idiotie, notre apathie et notre fainéantise. Comme le disait Masanobu Fukuoka et comme le dit Pierre Rabhi, vouloir cultiver en respectant la Nature n'a de sens que dans une perspective d'édification et d'amélioration de l'Homme.

À partir des principes agroécologiques, vous pouvez inventer des techniques. Mais demandez-vous, à chaque fois, si cette nouvelle technique fait de vous une meilleure personne. Une personne plus complète et plus épanouie. En agroécologie on ne peut pas faire l'économie de cette question.

Retour aux choux-fleurs

Le second semis est planté à partir de mai ; fin mai, quand les limaces deviennent moins nombreuses, il est paillé. Les 3ᵉ et 4ᵉ semis sont plantés dans une autre planche paillée. Bien sûr, tous les choux sont recouverts d'un filet contre la piéride. Si vous n'avez pas de filet, utilisez au moins un filet à papillon pour capturer ce ravageur et écrasez tous les œufs. Vous les trouverez sur la face inférieure des feuilles.

Après culture

Les premier et deuxième semis de choux-fleur sont récoltés courant juillet. Que faire ensuite ? J'ai essayé d'y planter des chicorées, mais comme expliqué plus haut c'est déjà trop tard. La mâche est mieux indiquée pour prendre la suite. Après les troisième et quatrième semis de choux-fleur, seul un engrais vert d'hiver peut prendre la suite. Comme d'habitude, fauchage de l'engrais vert début mars et installation de la bâche noire.

CHOUX D'HIVER

Je fais des semis en plaque de chou de Bruxelles, de chou rouge et de chou de milan, à la mi-avril. Ils sont plantés entre la mi-mai et début juin dans les planches préparées quelques jours auparavant (motoculteur, grelinette, cendres, tonte si possible et étalage de foin). Le foin est simplement écarté là où les choux doivent être plantés.

Après culture :

Début mars je coupe tous les choux en laissant toutes les racines en terre. Je remets du foin sur la planche s'il m'en reste et je recouvre d'une bâche noire.

Notes :

Vous comprenez que si vous faites des fèves après les choux d'hiver, ou une autre culture précoce, il n'est pas nécessaire de recouvrir la planche d'une bâche noire. Le semis de fèves se fait ici à partir du 20 mars par exemple. Pour faire le lit de semence il suffit d'arracher les racines des choux et de passer le cultivateur manuel, voire le motoculteur si le temps le permet.

POIREAUX

Je réalise deux semis de poireau : à la mi-février et à la mi-avril. Les premiers sont vendables à partir de la mi-septembre, les seconds sont vendus tout au long de l'hiver. Je sème les poireaux dans des cagettes, puis je les repique dans une « nursery », un carré de terre que j'ai allégée avec du sable et du compost. La plantation des premiers s'effectue vers la mi-mai, celle des seconds vers la mi-juin.

Les planches sont préparées en prenant soin d'y incorporer du compost, à raison de deux brouettes pour 25 m^2. Ma terre étant peu épaisse, je fais un sillon presque profond jusqu'à l'argile (10-15cm) et j'y place les petits poireaux. Par la suite, je les rebute deux fois, afin d'obtenir finalement un fût d'environ 15 cm de long.

Deux désherbages sont nécessaires en début de culture. J'arrache manuellement les mauvaises herbes quand elles atteignent 20 cm de haut. N'attendez pas plus longtemps, sans quoi elles empêcheront les poireaux de grossir ! Les poireaux ont besoin de beaucoup de lumière. À partir de novembre, quand je n'ai plus besoin de rebutter, j'étale de la tonte entre les rangs et des feuilles si disponibles. Gardez en tête que la culture du poireau est « difficile » pour la terre, car la terre est en permanence exposée au soleil. Ne la faites pas suivre d'une culture similaire, qui ne permet de pailler (pas de carotte, betterave et céleri rave). Ne peut-on pas faire de poireaux sans les rebuter ? Ce qui permettrait de pailler. J'ai essayé, mais ils ne grossissent pas.

Après culture : La récolte des poireaux n'étant pas homogène, il y a des vides un peu partout dans les rangs. C'est malaisé d'y semer un engrais vert. Je mets donc de la tonte autant que possible. Le second semis de poireaux reste en place jusqu'à début mars. Je le paille tout de même, à partir de décembre.

BETTERAVE

La terre est préparée de la même façon que pour les poireaux. Je fais, en cagette, un semis à la mi-avril et un à la mi-mai. Les plantations se font fin mai et fin juin. Le premier semis est récoltable dès la dernière semaine de juillet. Le second sera enlevé en octobre et stocké en silo, pour être vendu tout au long de l'hiver.

Faute de pouvoir pailler à cause des campagnols, deux désherbages sont nécessaires en début de culture. En cours de culture, tant que les plants ne sont pas trop grands, je passe le croc entre les rangs pour casser les galeries des campagnols. Mais c'est un travail délicat, car les racines des betteraves sont facilement abîmées par l'outil. Il en résulte des cicatrices noires sur la face inférieur de la betterave, ce qui nuit à sa commercialisation. En 2018 je me suis contenté de passer le croc uniquement sur le pourtour de la planche et, avec un peu de piégeage, je n'ai quasiment pas perdu de betterave.

Après les cultures, je fais évidemment des semis d'engrais verts, qui seront fauchés et recouverts de foin avant de mettre en place la bâche noire début mars.

CAROTTE

La terre est préparée de la même façon que pour les poireaux. Simplement, pour éviter par la suite trop de désherbage manuel, j'essaie de faire un « faux semis ». Je prépare la terre un mois avant la date du semis avec le motoculteur. Quinze jours avant le semis, je repasse le motoculteur en surface et je le repasse juste avant de semer. S'il ne pleut pas durant cette période, les mauvaises herbes ne vont pas germer, et tout ce travail aurait été pour rien. Pire : les passages répétés du motoculteur auront abîmé la terre. Mais même quand les conditions étaient bonnes, que les mauvaises herbes germaient et que le motoculteur les détruisait, j'ai tout de même dû désherber les carottes par la suite ! Je vais donc abandonner la technique du faux semis en 2019.

Je fais un premier semis de carotte début juin et un second semis entre la mi-juin et la fin du mois. Ma terre étant très argileuse, réussir le semis est particulièrement délicat. Si je sème trop profondément et qu'il pleut ensuite, en surface se forme une croûte de battance que les graines n'arrivent pas à percer. La graine de carotte est connue pour son « manque d'épaules » : elle n'arrive pas à traverser plus de 1 ou 2 cm de terre. Pas étonnant, vu sa taille minuscule ! Le semis est bon à refaire.

J'utilise deux techniques de semis. La première consiste à tracer des sillons profonds d'environ 5 cm, espacés de 20 cm, de peser la quantité adéquate de graines (0,20 g/m), de déposer les graines dans les sillons à l'aide d'un petit semoir manuel, d'arroser les sillons (de façon modérée, sans inonder) et de recouvrir la planche d'un voile de forçage. Ensuite, chaque soir, j'arrose un peu sans enlever le voile de forçage. Le premier arrosage fait tomber un petit peu de terre sur les graines, ce qui leur permet d'être enrobées d'humidité et de lever. Mais cette technique n'est pas adaptée s'il fait très chaud et sec. En quel cas il faut refaire le semis aussi tôt que possible. Notez bien : je ne recouvre pas les graines de terre.

La seconde technique de semis repose sur l'utilisation du semoir de précision Earthway ®. À la main, je cherche à quelle profondeur se trouve l'humidité du sol, et je règle le semoir à cette profondeur. Je sème avec un espacement de 15 cm entre les lignes. Et ensuite je n'arrose pas le semis ! Surtout pas ! Car le seconde roue de semoir tasse la terre. Si la météo est caniculaire, je mets en place des arceaux, et sur ces arceaux je mets un voile d'ombrage. Cette seconde technique fonctionne elle aussi à condition que les pluies ne soient pas trop fortes, car la graine est enterrée profondément. Même avec un voile d'ombrage comme protection, il m'est arrivé de rater un semis à cause d'averses d'orages. Jusqu'à présent, une année sur deux je rate le semis de début juin. C'est lié au printemps : s'il est froid, ma terre met encore plus de temps à se réchauffer. Jusqu'à présent, je n'ai jamais raté le semis de fin juin et en fin de compte, si le premier semis rate, je le refais en même temps que le second.

En cours de cultures, je fais un désherbage manuel en même temps que je dépaissis. C'est-à-dire quand les mauvaises herbes atteignent environ 20 cm de haut. Je passe régulièrement le croc pour casser les galeries de campagnols, en bord de planche comme pour les betteraves, afin de ne pas abîmer les carottes.

Betterave, poireaux, carotte et céleri rave : voilà des cultures qui font souffrir la terre. Je ne peux pas payer sous peine d'attirer les taupes donc les campagnols à leur suite. Tant que les cultures n'ont pas développé un feuillage important, la terre exposée au soleil surchauffe et se vide totalement de vers de terre et autres petites bestioles. Dans la 1ère version de ce cours, je recommandais d'étaler au moins de la tonte après chaque passage du croc ou après chaque rebuttage. Mais la tonte dessèche rapidement sans réduire la dessication du sol. Je n'en étale donc plus. Le fait de préparer ces planches en y incorporant du compost compense, je l'espère, le fait que la terre soit maltraitée par la suite. In fine, les mauvaises herbes jouent tout de même un rôle. Elles poussent rapidement et elles couvrent le sol au moins pendant ce temps-là. Et elles finissent au composteur : merci à elles !

Après culture : Maintenir la fertilité de la terre pour ces trois cultures repose entièrement sur l'avant et l'après culture. Après les carottes et les betteraves, il est indispensable de semer un engrais vert et de recouvrir ce semis de foin, à travers duquel l'engrais vert va lever. Puis en janvier ou février, si l'engrais vert est détruit par le gel, il faut étaler du foin sur la terre : elle ne doit jamais rester à nu. Ces cultures sont des cultures de valeur, surtout la carotte. Il est normal, en agroécologie, de consacrer un maximum de soins et d'efforts aux terres qui portent ces cultures.

POMME DE TERRE

Les agriculteurs biologiques produisent des pommes de terre en quantité industrielle. Étant donné que mon terrain est très petit, je ne fais que très peu de pommes de terre (25 m^2).

En mai, je prépare la terre comme pour les poireaux. Je place les pommes de terre en tout sens à 25 cm, en les enfonçant en terre de 10 cm environ. Puis je recouvre la planche de paille. Une fois le germe passé au travers du paillis et les feuilles hautes d'environ 10 cm, je paille une seconde fois. Récolte en septembre-octobre.

Comme pour les autres légumes-racine, les campagnols n'hésitent pas à faire des ravages. Le paillis m'empêche de casser leurs galeries ; je prends donc en compte environ 30 % de pertes. Mais les pommes de terre qui sont un peu rongées ne sont pas totalement perdues : elles servent de semence pour l'année suivante.

Après-culture : un engrais vert adéquat, moutarde ou avoine ou seigle, avec ou sans pois d'hiver.

FRAISIERS

La culture agroécologique des fraisiers a été pour moi une des plus difficiles à comprendre. Après trois années, je pense être parvenu à une technique satisfaisante.

Mai 2014, 1ᵉ technique

Je prépare une planche de 1,20 m par 13 m à la grelinette. J'y étale quatre brouettes de tonte, deux de copeaux et je passe le motoculteur. Puis je repique les fraisiers sur 4 lignes, avec 20 cm entre chaque plant. En été, je constate un début d'envahissement par les adventices (chien-dents, *Rhumex*, petite oseille, ortie…). Les merles commencent à dévorer les fraises et, plus surprenant, les campagnols aussi ! Je décide de couvrir la planche avec du voile de forçage P17. Mais le fait de le laisser en place nuit et jour a entraîné un pourrissement d'environ 10 % des fraises. Donc je fais des arceaux et je pose dessus du filet anti-oiseaux. En même temps que je récolte les fraises, j'enlève ici et là les mauvaises herbes.

Février 2016, 2ᵉ technique

Après deux saisons, début février je constate que la planche est totalement envahie d'adventices ! Désherber manuellement serait une pure perte de temps ; je décide d'enlever tous les fraisiers et de refaire complètement la planche. J'enlève tout ensemble fraisiers et mauvaises herbes avec la grelinette, j'étale six brouettes de tonte, trois de copeaux, un seau de cendre et je recouvre avec la bâche noire.

Me voilà donc avec une grosse centaine de plants de fraisiers en plein milieu de l'hiver. J'essaie de les entreposer dans un lieu où ils ne gèleront ni ne dessécheront, afin qu'ils soient encore vivants en avril pour les replanter. C'est alors qu'une question s'impose à moi : comment nourrir la terre des fraisiers ? Question essentielle, que j'aurais dû travailler sérieusement *avant* de planter les fraisiers en 2014. Mais je ne l'ai pas fait. Je ne le pouvais pas, car j'avais la tête pleine. J'avais planté les fraisiers comme on plante des choux. Peut-être parce qu'au début de mon jardin, et venant d'Allemagne, la culture du chou était pour moi la culture reine… Les débutants ont une tête toute petite ! Chaque chose en son temps…

La question de la fertilité se pose différemment des autres cultures, car les fraisiers sont des vivaces tandis que les légumes sont majoritairement des annuelles. **Il faut pouvoir ramener de la matière organique sans être trop gêné par les plants de fraisiers, ni que cela ne gêne les plants.** Pailler par-dessus est impossible, car cela ferait pourrir les fraises. Du mulch jeté par-dessus recouvrirait aussi les fraises. On lit ici et là dans la littérature que si les plants sont bien serrés, ils couvrent le sol et étouffent les mauvaises herbes. Effectivement ils couvrent bien le sol, mais ils n'empêchent pas les mauvaises herbes de remonter (chien-dent, autres graminées, liseron, Rhumex, orties). Eh oui ! La phacélie par exemple couvre le sol et étouffe les adventices, mais c'est grâce à son gros volume de feuillage, sa hauteur proche du mètre, son fort système racinaire et sa croissance vigoureuse. Le fraisier n'étouffe pas les mauvaises herbes.

J'imagine donc à la technique suivante : En avril je replante les fraisiers sur une planche de 1,20 m de large et divisée sur toute la longueur en deux buttes de 20-30 cm de hauteur. Les fraisiers sont plantés au sommet des buttes, sans aucun espace entre. La place autour des buttes est suffisante pour amener, sur les pentes des buttes, soit du foin, soit du mulch (au cas où il faudrait mulcher pour pouvoir casser les galeries de campagnol). L'absence d'espace entre les plants devrait réduire la croissance des adventices, car ce petit espace sera entièrement colonisé par les racines des fraisiers (ce que j'espère encore).

Les adventices poussant sur les flancs de butte seront facilement arrachables (car si les pentes sont paillées ou mulchées, la terre y demeurera souple). Le foin ou le passage du cultivateur gênera leur développement autour des buttes. De plus, les stolons des fraisiers seront faciles à identifier et à couper ou conserver pour les années suivantes.

Septembre 2017, 3ᵉ technique

En deux saisons, malgré le foin étalé deux fois par an entre les buttes et sur les pentes des buttes, les mauvaises herbes ont proliféré : chien-dent, orties et, plus gênant, le liseron. À ce propos, force est de constater que le paillage ne gêne pas du tout ces mauvaises herbes. Les chardons poussent également sans souci au travers. Je vais jusqu'à dire ceci, maintenant : que le paillage est favorable à la prolifération des orties, du chien-dent, des chardons et du liseron (cf. chapitre *Les limites de mon système agroécologique*).

Afin d'éviter que ces mauvaises herbes ne pullulent, j'ai donc essayé la technique de la bâche trouée, qui est la technique des « pros ». Fin septembre, après avoir paillé la nouvelle planche destinée à recevoir les fraisiers, je l'ai recouverte d'une bâche trouée (diamètre des trous : 10 cm environ). Et dans les trous j'ai planté les fraisiers (des stolons qui avaient commencé à faire des racines).

La reprise fut difficile. Sous la bâche et le foin, les taupes labouraient sans cesse la terre et déracinaient les plants. J'ai perdu 30 % des plants. Et ceux qui avaient fini par prendre racine produisirent peu de fraises au printemps suivant. Au cours de l'été 2018, par les trous je voyais sortir plein de chardons et de liseron ; je soulevais la bâche et constatais l'envahissement par les racines de liseron ! Je constatais aussi que la terre avait fortement séché et durci, avec des fentes de plusieurs centimètres de large. Bref, cette technique de professionnel ne m'a pas satisfait du tout. Cette technique ne semble adéquate que pour les terres légères et sans taupes.

Septembre 2018, 4ᵉ technique

Au cours de l'été 2018, j'ai compris que la culture des fraises est un jeu de combinaisons. Il faut combiner plusieurs aspects :

1. Le fraisier est une plante vivace, qui produit peu la première année, beaucoup à la deuxième et troisième année, et meurt ensuite. Les stolons sont produits par les pieds de un an et deux ans.

2. La terre où sont cultivés les fraisiers, comme pour toutes les autres cultures, doit être protégée et nourrie de façon agroécologique, c'est-à-dire soit par le paillage, la tonte, les engrais verts ou le compost.

3. La culture des fraisiers doit être intégrée dans le plan de rotation de toutes les autres cultures, c'est-à-dire que chaque année il faut changer les fraisiers de place. Sinon les racines des mauvaises herbes prolifèrent et vont nuire aux cultures suivantes.

4. Les fraisiers doivent être plantés en septembre-octobre, afin qu'ils aient de bonnes racines pour le printemps suivant et produisent des fraises en abondance. Une plantation en mars-avril n'est pas pas satisfaisante.

Quelle est la technique qui permet de combiner ces quatre aspects ? Je pense l'avoir trouvé. Enfin, je l'espère… Elle est relativement simple. En septembre, passer le motoculteur dans la nouvelle planche. Faire trois sillons de 20 cm de large : un au centre et les deux autres accolés à chaque bord. Cela se fait facilement avec un trace-sillon (aussi appelé butoir). Cela fait, vous avez trois sillons et deux buttes. Remplir les sillons de tonte (une bonne brouette de tonte pour une longueur de 13 m). Puis étaler la terre des buttes sur la tonte. Au-dessus des sillons remplis de tonte et maintenant recouverts de terre, étalez du foin (au moins 5 cm d'épaisseur). Cela fait, vous avez maintenant deux lignes de terre libres. Dans ces lignes, plantez les fraisiers avec 10 cm d'espacement. Arrosez tous les jours pendant au moins une semaine. Vérifiez que le feuillage reste vert. Et voilà ! Mettez en place dès septembre les arceaux qui supporteront le filet anti-oiseau au printemps : durant les froides nuits d'octobre vous mettrez sur ces arceaux une bâche de serre. Cela protégera les plants, qui feront de meilleures racines et donc produiront plus de fruits au printemps prochain.

En septembre de l'année suivante, appliquez la même technique sur la nouvelle planche destinée aux fraisiers selon votre plan de rotation. Veillez à ce que la culture précédente se termine en juillet-août !

Quelle que soit la technique, chaque début mars j'enlève toutes les vieilles feuilles des fraisiers : c'est le grand « nettoyage ». À cette date, selon les années, le paillage restant est plus ou moins épais. Il ne faut pas en remettre ! C'est ce que j'ai fait une fois mais les fraises, reposant sur le paillage en décomposition, ont pourri. C'est aussi la raison pour laquelle je me donne la peine d'enlever toutes les feuilles mortes des fraisiers : si elles sont trop nombreuses quand les fraises arrivent, elles favorisent le pourrissement. En mai, le paillage presque complètement disparu ne peut plus modérer la levée des mauvaises herbes ; on peut éventuellement désherber, sachant que le désherbage sera plus facile au moment d'enlever tous les fraisiers, en septembre.

Tout cela représente beaucoup de travail, mais les fraises sont si bonnes. Et elles se vendent si bien !

COURGES

De 2014 à 2017, je procédais comme pour les courgettes, à la différence près que je les plantais espacées de 50 cm, dans des planches en bord de jardin afin qu'elles puissent « courir » dans la prairie. Étant plantées sur une seule ligne, cela laissait sur le bord intérieur de la planche libre pour une autre culture : j'y faisais donc du haricot nain pour semence.

CASSIS ET GROSEILLES

Cassis et groseilles à grappes

L'entretien agroécologique de ces petits arbustes est simple. Commençons le cycle d'entretien avec le temps des récoltes. Ces petits fruits arrivent à maturité en juin. Une fois la récolte terminée, et jusqu'à fin septembre, je tonds autour des pieds en utilisant la fonction mulching de la tondeuse. Puis je laisse pousser l'herbe. En hiver je répands une fois du compost des toilettes sèches à leurs pieds, ainsi que de l'urine diluée au moins une fois par mois (mais il faut avoir un système sanitaire adéquat qui en permet la collecte). En avril, je fauche l'herbe restante. Cette herbe haute aura protégé la terre tout l'hiver durant. Puis je tonds en mode mulching, à nouveau jusqu'à fin septembre.

Les récoltes sont satisfaisantes, mais le choix des variétés est essentiel ! J'avais planté 26 pieds de cassis, de deux variétés. Après deux années, j'ai supprimé une variété, qui comparativement ne donnait quasiment rien. Idem pour les groseilles à grappes : une variété produit correctement, mais l'autre ne fait que des petits fruits, trop petits pour être vendus. Dois-je les enlever ou attendre encore une année ? Difficile question… Ma terre étant très argileuse, il faut que les variétés y soient adaptées, et force est de constater qu'elles ne le sont pas toutes. Si la variété n'est pas adaptée à la terre, alors elle ne pousse pas bien, et les effets négatifs de la météo sont amplifiés. Ainsi, ces pieds de groseilles qui font de petits fruits semblent ne pas avoir résisté à la sécheresse de juillet 2018.

Groseilles à maquereau

Les pieds de groseilles à maquereau, du moins la variété rouge que je possède, doivent être palissés. À 40 cm et à 80 cm de hauteur, j'ai tendu chaque fois 4 fils de fer, espacés de 20 cm. Sur ces fils tendus, je fixe les fragiles branches avec de la ficelle. En hiver je répands une fois du compost des toilettes sèches à leurs pieds, ainsi que de l'urine diluée, au moins une fois par mois.

Contrairement aux cassis, il n'est pas possible de passer la tondeuse autour des pieds ! Bien que cela ne me plaise pas, je coupe alors régulièrement à la faucille manuelle toute l'herbe qui pousse autour et sous les pieds, de début avril jusqu'à fin septembre. Depuis cinq ans que je procède de la sorte, l'herbe ne disparaît pas, nourrie par le compost des toilettes sèches et par le sol des allées (tondues en mode mulching périodiquement). Bref, la fertilité du sol ne semble pas baisser.

Par contre, la renoncule rampante a tendance à trop se développer autour du compost répandu. Je l'enlève à la main, péniblement, en février-mars. Rien n'est parfait ! Mais l'idée de perfection est trop humaine…

MÛRES ET FRAMBOISES

Je gère les mûriers de la même façon que les cassis et les groseilles à grappe. Le choix des variétés est tout aussi important. Ainsi les mûriers « tayberry », croisement entre la mûre et la framboise, ne poussent pas bien dans mon jardin. J'en suis désolé parce que ces mûres grosses et roses se vendent très bien ! La sécheresse 2016-2017 m'a fait perdre huit pieds sur dix. Cette variété a besoin de beaucoup d'eau et d'un peu d'ombrage, ce que je ne suis pas en mesure de lui offrir. En cet automne 2018, à cause – ou plutôt grâce à la sécheresse de 2018 – je vais planter de la consoude au pied des mûriers restants et autour des nouveaux pieds achetés. Avec l'idée que la consoude ombre la terre avec ses larges feuilles, et qu'elle maintienne l'eau dans le sol grâce à ses puissantes racines pivotantes. Eau qui sera rendue disponible pour les mûriers ; mais ce n'est là qu'un espoir.

Quant aux framboises, j'ai définitivement renoncé à les cultiver. Ma terre ne s'y prête pas du tout. Elle est trop peu profonde, trop argileuse et trop sèche. Je précise que tous ces petits fruitiers sont recouverts de filets anti-oiseaux (cf. chapitre *Le matériel de culture*).

ARBRES FRUITIERS

Sur mon terrain j'ai planté une quarantaine d'arbres fruitiers : pommiers, poiriers, pruniers, mirabelliers, pêchers. Je ne les taille pas, selon les recommandations de Fukuoka. Ils prennent une forme naturelle, rare et agréable à l'œil. Beaucoup sont issus de pépins, que j'ai fait germer par la méthode d'Emmanuel Roland. La qualité des fruits à venir est donc pour l'instant inconnue ! Par précaution, j'ai encore à planter des arbres « traditionnels », qui seront taillés. J'en planterai un ou deux par zone tampon, afin de prodiguer un peu d'ombrage aux cultures.

Ces arbres auront l'autre avantage, immense, de faire venir les abeilles. En 2018 plus encore que les autres années, j'ai constaté à quel point les abeilles sont rares dans mon jardin. Si je ne faisais pas de phacélie, je n'en verrais aucune. Leur disparition est incontestable.

13 AGROÉCOLOGIE AVANCÉE : COMBINAISONS CULTURES–ENGRAIS VERTS

De 2013 à 2017 j'ai utilisé les techniques que je viens de vous présenter au chapitre précédent. J'ai démarré mon projet avec en tête deux idées essentielles pour assurer la fertilité et l'autonomie du jardin : l'utilisation des engrais verts pour rendre la terre cultivable et l'utilisation du paillage avec du foin produit sur place pour protéger et nourrir la terre. Mais en 2017, mes yeux s'étant habitués à la terre et aux plantes, j'ai remarqué certaines choses dans mon jardin. C'était presque de l'ordre de l'intuitif ; néanmoins une petite voix me disait que, très certainement, je ne comprenais pas encore assez la terre et les plantes. J'ai fait des constatations intrigantes.

CONSTATATIONS INTRIGANTES

Après les cultures de choux et de courgettes

Choux et courgettes ont besoin de larges surfaces pour leur développement : un chou cabus requiert 50 × 50 cm, un pied de courgette 80 × 80 cm. En 2015, 2016 et 2017, je les cultivais avec un simple paillage. Je travaillais le sol, j'étalais de la tonte puis du foin et j'installais les plants en faisant une ouverture dans le paillage, en respectant les distances entre plants. En plus, pour chaque pied de courgette, au moment de planter je mélangeais environ 5L de compost à la terre.

Les cultures poussaient très bien ainsi. En 2017, après la courgette je semais de la mâche en septembre. Je retirais donc les plants de courgette et le paillage et en dessous je constatais que… la terre n'était pas particulièrement grumeleuse et légère. Elle était sèche et plutôt compacte, et elle était vide de ver de terre et d'autres petites bestioles. Je faisais le semis de mâche ; il ne levait pas bien. Ensuite la mâche ne poussait pas bien.

Quant aux choux, au cours de l'hiver 2017-2018, je tâtais la terre sous le paillage. Je constatais, comme pour les courgettes, que la terre était sèche, compacte et peu habitée. Et vraisemblablement, comme dans les planches à courgettes, elle était peu fertile. C'est-à-dire pauvre en humus.

Après les haricots nains

J'évaluais aussi la qualité de la terre à la suite des cultures de haricots nains. Une fois les récoltes terminées courant septembre, j'avais coupé les pieds de haricots à raz de terre, étalé les parties végétatives sur place et les avais recouvertes de foin. J'avais bon espoir que ce paillage, en se décomposant, combiné à la décomposition des racines des haricots, améliore grandement la qualité de la terre. Mais au printemps, la terre était vraiment compacte ! Le trio {reste de cultures + racines des cultures + paillage} n'avait pas produit l'effet attendu : la terre était vide de ver de terre !

Pourquoi ? Les pluies d'automne et d'hiver ont fait que tout le paillage et les restes de culture étaient décomposés dès février. À cette date, je n'avais plus de foin disponible, et j'ai donc laissé la terre ainsi, presque nue, espérant que son taux d'humus soit suffisant pour modérer les effets de la pluie (notamment sa battance).

« L'ILLUMINATION »

Petit à petit au cours de l'hiver 2017-2018, la lumière se fit en moi. Je comprenais que ce que je faisais était certes bien, était certes bien mieux que de ne pas pailler du tout et de ne laisser aucun reste de culture sur place, mais que ce n'était pas suffisant.

1ère compréhension : il m'a fallu ces trois années de culture pour comprendre que les racines des choux et des courgettes n'occupent pas la même superficie que leur feuillage ! Les racines de choux et de courgettes s'étalent dans un disque d'environ 20 cm de diamètre, pas plus. Alors que leurs feuilles s'étalent dans un disque de 50 et 80 cm de diamètre.

2e compréhension : Là où aucune racine ne se développe, la vie du sol ne se développe pas. *Pas de racines = très peu de vers de terre, de collemboles, d'acariens, de cloportes.* Le paillage se décompose, certes. Il se décompose par l'action des cloportes et des collemboles, et par les pluies, et il y a donc là une certaine microfaune du sol. Mais elle est *superficielle*. Elle est sur le sol, sur la face inférieure du paillage. Quand après les courgettes j'enlevais le paillage, j'enlevais en même temps cette microfaune. Et dans la terre, il n'y en avait pas. Ce sont la microfaune et les vers de terre qui créent l'humus, et c'est l'humus qui rend la terre grumeleuse et humide. Pas de vers de terre et de microfaune signifie une terre tassée.

3e compréhension : Le paillage seul ne suffit pas pour maintenir un taux élevé d'humus dans le sol. Donc il ne suffit pas pour maintenir la fertilité du sol. Précisément, le paillage ne fait qu'enrichir les trois premiers centimètres du sol.

4e compréhension : Il faut donc combiner le paillage avec un développement racinaire. Ces racines, en croissant, vont créer un habitat pour la microfaune du sol. Cette microfaune va se nourrir des exsudats racinaires (les « déchets » des plantes), et les vers de terre vont manger cette microfaune et l'incorporer à l'argile et aux limons, ce qui va créer de l'humus. Puis, en se décomposant, c'est-à-dire en étant consommée par la microfaune et les vers de terre, les racines vont amener une fertilité dans le sol de -3 à -15 cm.

5e compréhension : Il faut maximiser l'occupation du sol par des racines. *D'un bout à l'autre de l'année, il faut qu'il y ait des racines dans le sol.* Des racines qui croissent puis des racines qui se décomposent. Laisser la terre vide de racines à partir d'octobre, comme je le faisais suite aux haricots, n'était pas optimal.

6e compréhension : Il faut de la vie au-dessus du sol, sur le sol et dans le sol. Au-dessus du sol la vie doit croître puis mourir. Dans le sol la vie doit croître puis mourir. Il faut qu'à des phases de croissance succèdent des phases de décomposition. Composition – décomposition. C'est le cycle de la vie. Feuilles, litière (c'est-à-dire le paillage) et racines : ce sont les formes-habitats de la vie.

En 2017, n'ayant que paillé et n'ayant pas fait d'engrais vert d'hiver, il manquait à mon jardin agroécologique une partie du cycle de la vie et une partie des formes de la vie. Comment cette compréhension s'est-elle traduite en technique ? Pour les courgettes, au printemps 2018 j'ai préparé la terre comme d'habitude, mais au lieu de la recouvrir immédiatement de tonte et de foin, j'ai semé un engrais vert : de la phacélie. Et le jour même j'ai planté les courgettes. Une fois que la phacélie eut atteint 30-40 cm de hauteur, je la coupais à la faucille, je la laissais sur place et je la recouvrais de foin. À ce moment-là. Tout cela en essayant de ne pas trop abîmer les plants de courgettes qui font aussi 30-40 cm de hauteur.

Vous aurez compris : au-delà de la zone colonisée par les racines des courgettes, la terre est colonisée par les racines de la phacélie. Cet engrais vert est réputé pour sa capacité à améliorer la structure du sol grâce à ses racines. En effet : ses racines fusent en tout sens jusqu'à -15 voire -20 cm, ce qui crée un super habitat pour la microfaune du sol. Les parties aériennes de la phacélie, laissées sur place, vont se décomposer, consommées par les collemboles et les cloportes qui ont de bonnes conditions de vie sous le paillage. Il en résulte une fertilisation du sol en surface, mieux qu'avec du paillage seule, et équivalente à une bicouche tonte-paillage. Et dans le sol, à partir du moment où la phacélie est fauchée, ses racines vont mourir et être « digérées » par la microfaune du sol et les vers de terre, ce qui va créer de l'humus jusqu'à -15 cm de profondeur. Il y a fertilisation en surface et fertilisation dans le sol. Il y a de la composition et de la décomposition. Il y a des feuilles, de la litière et des racines.

En septembre 2018, quand j'enlève le paillage pour semer la mâche, je constate que la terre est nettement plus humide et plus grumeleuse que les années passées. La vie du sol a été maintenue. Donc sa fertilité aussi. J'avais semé l'engrais vert sur la moitié de la planche. L'autre moitié n'avait été que paillée. La terre était là plus sèche et plus terne, indubitablement.

Pour les choux d'hiver, le problème est similaire. Les choux restant en place jusqu'à la mi-mars, et le paillage étant presque entièrement décomposé dès février, la terre est presque à nu et subit la battance des pluies. Et en avril c'est donc dans une terre compactée que je dois semer les fèves (dans mon plan de rotation les fèves succèdent aux choux). La terre est compactée là où les racines de choux ne se sont pas étendues. Comme expliqué, l'idéal est qu'il y ait partout des racines, des racines de choux et des racines d'engrais vert, en été comme en hiver. Ainsi la terre passe ces deux saisons difficiles sans subir de dommage (parce que les vers de terre y sont à demeure parmi les racines, et donc ils font leur travail d'infatigables laboureurs et aérateurs du sol). Donc au printemps 2018, comme pour les courgettes, il m'est facile de semer de la phacélie puis de planter les choux. Au début de l'été, la phacélie est fauchée et recouverte de foin. En octobre par contre, comment faire pour implanter l'engrais vert d'hiver ? Suite des explications au chapitre *Choux d'hiver* p. 53

Quant aux haricots, sans perdre une journée, dès la récolte terminée je les arrachais et je semais un engrais vert d'hiver. L'engrais développe un feuillage qui brise la battance de la pluie. Et ses racines parcourent la terre, créant un milieu de vie adéquat pour les bactéries et les vers de terre.

LES PRINCIPES DE L'AGROÉCOLOGIE AVANCÉE

Dans ce chapitre, je vais donc modifier certaines des consignes de culture exposées au chapitre précédent. Globalement, le nombre de semaines où la terre est paillée sera réduit, pour être occupé par des engrais verts. Les consignes initiales demeurent valables, mais après quatre années de culture, j'ai trouvé comment les améliorer. Le débutant doit-il mettre en œuvre les consignes initiales ou bien les consignes « avancées » ? Sans aucun doute il doit démarrer avec les consignes initiales. Les consignes avancées sont plus compliquées à mettre en œuvre et, surtout, pour évaluer leurs effets *il faut avoir acquis une sensibilité et une capacité d'observation que l'on n'a pas quand on débute*.

Les plantes compagnes ?

On m'a souvent demandé si j'utilise des plantes compagnes et si je fais des associations de cultures. Par exemple, planter de la sarriette à côté des haricots, du basilic au pied des tomates, associer carottes et poireaux, ail et fraises, maïs et haricot grimpant. Planter des soucis et des œillets ici et là. Je répondais par la négative, ayant commencé seulement en 2018 à utiliser des plantes compagnes – et encore ce terme est-il peut-être inexact.

Il y a de nombreux livres sur les plantes compagnes et les associations de culture, qui expliquent les avantages de ces polycultures : répulsion des insectes ravageurs, prévention des maladies, complémentarité dans l'utilisation des ressources du sol et des exsudats racinaires de chaque culture, amélioration du goût. Mais il est impossible d'associer des cultures et de mettre en place des plantes compagnes tant qu'on ne maîtrise pas *d'abord* les cultures proprement dites et tant qu'on ne sait pas de quoi ont besoin ces cultures. Selon moi. La répétition de cette question (« utilisez-vous des plantes compagnes ? ») m'a gêné, parce qu'elle relevait presque de l'idéologie. Certes, dans la Nature, les plantes poussent toujours ensemble : la phytosociologie est la discipline scientifique qui étudie les espèces qui poussent préférentiellement ensemble. Ainsi dans les prairies c'est toujours un couple ou un triplet de graminées qui dominent et jamais une seule. De même pour les forêts et les rives des milieux aquatiques : les espèces vont par pair ou par triplet. Mais, selon moi, en agriculture il est très très difficile d'affirmer que telle espèce procure telle ressource à telle autre espèce. Par exemple, il est possible que la sarriette améliore la croissance des haricots. Mais s'il fait trop froid ou trop sec ou trop pluvieux, observe-t-on encore cet effet ? Je crois que les personnes qui posent avec insistance la question des plantes compagnes et associées, ont été enthousiasmées par la lecture de tel livre ou de tel article, qui présente ces polycultures comme l'idéal agricole. Comme la technique agricole ultime. Mais je doute que ces personnes possèdent elles-mêmes la capacité à juger des effets positifs des associations et des compagnonnages. Et je suis à peu près certain que ces personnes n'ont pas de jardin, ou au mieux un petit jardin à vocation esthétique. Bref, elles parlent sans expérience, elles ont la parole facile. Hier elles parlaient d'agroforesterie parce que c'était à la mode, aujourd'hui elles parlent de permaculture, demain elles parleront de… cultures de phytoépuration par exemple.

L'honnêteté me poussait à répondre par la négative, et j'expliquai qu'il me fallait d'abord bien connaître et maîtriser chaque culture avant d'ajouter un second niveau de complication avec les cultures compagnes. Mais répondre par la négative me faisait passer pour un maraîcher peu innovant. Pour un maraîcher qui n'ose pas. Voire qui est peu compétent. Zut ! Ces clients n'allaient pas pouvoir impressionner leur cercle de connaissances en disant qu'ils s'approvisionnent auprès d'un maraîcher qui fait des cultures associées et qui utilise des plantes compagnes. En répondant par la négative, je n'étais pas à la pointe du progrès.

La question des plantes compagnes illustre bien que chaque choix technique a une répercussion sociale, en plus d'une répercussion commerciale sur le chiffre d'affaires. Ou vice-versa. C'est-à-dire qu'une technique est indissociable d'un contexte social. Tout acte d'achat implique le désir d'affirmer un certain niveau de prestige social. Cela vaut pour l'achat d'une voiture comme pour l'achat des fruits et légume :

le prestige social conféré par la possession du produit importe plus que le produit en lui-même (ses caractéristiques et la façon dont il a été produit).

Par là je ne signifie pas que les cultures associées et compagnes soient des gadgets, de la même façon qu'on vous demande si vous avez un indicateur de pression des pneus sur le tableau de bord de votre voiture. Tout au contraire. Non : les combinaisons de culture sont l'avenir. Mais gardons-nous de les aborder comme une mode, comme le font ces clients.

Pour plus de simplicité, je propose de regrouper ces cultures compagnes et associées sous l'expression plus globale de « combinaison de cultures ». Ce qui me permet d'y inclure les engrais verts. Parce que l'année 2018 m'a amené à faire des engrais verts en tant que cultures compagnes. Parce que j'ai ressenti et parce que j'ai vu que certaines cultures, seules, ne laissaient pas la terre en assez bon état.

Jusqu'en 2017, je ne percevais pas que mes cultures avaient besoin, ou pourraient profiter, d'être cultivées à côté, ou entre, d'autres cultures non comestibles. C'est la sécheresse des mois de mai et juillet 2018 qui m'a fait voir et comprendre que cela est possible. Et même nécessaire afin que les cultures supportent mieux la sécheresse. Comprenez-vous ? Je ne voulais pas faire des cultures associées et compagnes d'une part parce que je ne me sentais pas assez à l'aise (pas encore) avec les cultures destinées à la vente, et d'autre part, surtout, parce que je ne percevais pas ce dont mes cultures pourraient profiter. Je ne percevais pas de quoi elles avaient besoin. Et je ne percevais pas l'insuffisance du côté terre. De nombreux livres et articles mettent en avant les effets positifs des cultures compagnes contre les maladies, contres les ravageurs et pour la croissance via l'utilisation complémentaire des ressources du sol. Mais de 2013 à 2017 je n'ai pas eu de problèmes graves de ravageurs (hormis les rongeurs, mais c'est un problème qui se résout au niveau du sol et non au niveau de la culture), je n'ai pas eu de cultures malades et les cultures ont bien poussé. Et les récoltes avaient très bon goût.

Par contre, j'avais commencé depuis 2013 à utiliser les engrais verts. En mai et juillet 2018, j'ai compris que ces livres qui font la promotion des plantes compagnes et des cultures associées, m'avaient induit en erreur. Ou bien je les avais mal compris. La théorie des cultures associées et compagnes présentée dans ces livres, qui sont des livres d'amateurs il faut préciser, était inexistante. En fait n'étaient présentés que quatre effets positifs : complémentarité d'utilisation des ressources du sol, répulsion des ravageurs, prévention de maladies et amélioration du goût. Ces quatre effets positifs ne sont que des *cas particuliers des interactions écologiques que deux espèces cohabitant peuvent entretenir ensemble* (voilà une phrase qu'il faut lire et relire !) D'après les résultats de la phytosociologie et de l'écologie, deux espèces végétales cohabitent parce qu'ensembles elles créent un micro-écosystème qui leur est bénéfique. Les quatre effets positifs ne sont que des effets à valeur anthropique, c'est-à-dire que ces effets sont intéressants pour nous êtres humains qui allons manger ces plantes. Mais il existe bien sûr une myriade d'autres effets. Et parmi ces effets, j'en ai remarqué trois. J'ai vu ces trois effets, de mes propres yeux. Mais si mes yeux les voyaient, il a fallu plusieurs années pour que mon cerveau les remarque. Ces effets sont pourtant basiques : il s'agit de la protection contre le vent, de l'ombrage et de la rétention de l'eau dans les couches supérieures du sol.

Ma recommandation est celle-ci : avant de vous lancer dans les cultures compagnes et associées, vous devez d'abord en percevoir les effets ! Vous devez même les *ressentir*. Ne vous lancez pas pour la simple raison que c'est écrit dans beaucoup de livres et que vos clients attendent ça de vous. Avant l'innovation technique, il faut passer par le ressenti. C'est vous qui êtes l'intermédiaire entre la nature et la technique. Et non la technique qui est l'intermédiaire entre la nature et vous.

Bien sûr, la science peut amener un coup de pouce ici et là, une rectification ici et là. Mais l'agroécologie est d'abord une aventure humaine, donc il faut d'abord vivre le jardin, vivre les plantes, vivre le sol, vivre l'air, vivre les saisons. C'est l'humain d'abord, et la technique ensuite, et le commerce ensuite. Humain, technique, commerce, dans ce sens, et surtout pas dans le sens inverse. Choisissez le monde dans lequel vous voulez vivre ! Un monde d'aventure humaine ou un monde de banquiers.

Connaître et savoir

Avant de passer aux aspects techniques de l'agroécologie avancée, faisons la différence entre connaître et savoir. Le dictionnaire Larousse propose en premier cette définition de connaître : avoir une idée plus ou moins juste, savoir de façon plus ou moins précise. Définitions de savoir : Avoir appris quelque chose et le connaître ou le pratiquer ; ensemble des connaissances acquises par l'étude. On voit que les définitions se recoupent. L'étymologie de connaître est pourtant révélatrice : « co-naître », c'est-à-dire naître avec, naître en même temps. Ainsi comprises, la connaissance se différencie du savoir : une connaissance est acquise par un vécu, et un savoir n'est pas acquis. Le savoir est transmis, soit par un livre, soit par une personne. Le savoir n'est que mots, la connaissance est un ensemble {vécu, sans mots, sur lequel, par la suite, on parvient à mettre des mots}. C'est l'étape que j'ai expliquée plus haut : il faut d'abord *ressentir* quelque chose[12]. Les yeux voient, puis on ressent quelque chose, c'est de l'ordre de l'intuition, puis un jour le cerveau s'active et on comprend, d'un point de vue intellectuel.

Cela confère à l'agroécologie toute son humanité : en agroécologie on ne peut pas passer outre la connaissance. On ne peut pas passer directement du savoir à la technique – sauf quand la technique est simple, ce qui est le cas des techniques de base : pailler, faire du compost, faire des engrais verts. Et encore, on peut faire ces techniques sans bien les faire, le temps qu'on parvienne à en *ressentir* les effets sur la terre et les plantes. Le ressenti précède et amène la compréhension.

D'un côté l'observation prolongée et répétée mène au ressenti qui mène à la technique. De l'autre côté, la validation de la technique se fait par le ressenti. On part du ressenti et on y revient. En agriculture conventionnelle, créativité technique et validation technique se font avec des mesures scientifiques (avec des valises d'analyse chimique de sol par exemple[13]). Le ressenti est remplacé par tout un ensemble de théories pédologiques, biologiques, écologiques, physiologiques et chimiques surtout.

La question qui fâche est celle-ci : est-ce que remplacer le ressenti par l'analyse scientifique amène une plus grande créativité technique ? J'ai une formation de scientifique et j'ai travaillé en laboratoire, mais je ne suis pas certain que la créativité réside dans la science elle-même. C'est ce que les philosophes et

---

12 Ce qui correspondrait à l'intuition, dans les quatre catégories de Jung : intellect, émotions, sensations et intuitions. En ce qui me concerne, je ne crois pas à l'intuition. Je crois qu'il s'agit plutôt d'une perception, qui passe par les cinq sens (la vue et le toucher notamment) et qui génère des embryons d'émotions. La perception est d'abord partielle, petite, irrégulière. Puis il y a un raffinement de la perception, et elle devient de plus en plus régulière. Elle prend de plus en plus de place dans notre conscience. Cela génère des émotions de perplexité, qui elles-mêmes génèrent les premiers mots dans notre tête, puis les premières idées. « Tiens, il semble bien que telle plante pousse convenablement au mois de mai. C'est vrai que je l'avais déjà vue l'an dernier, et les années passées, mais ce n'était qu'une mauvaise herbe. Et si j'en faisais un engrais vert, pour couvrir le sol jusqu'à la mi-juin ? En la semant bien dense, elle devrait être facile à arracher. »

13 Mais pourquoi faire des analyses d'indicateurs chimiques du sol ? Si on dit faire de l'agriculture biologique, c'est inutile : il faut mesurer des indicateurs biologiques du sol. Et si on fait de l'agroécologie, il faut des indicateurs… écologiques ! En agriculture conventionnelle, la base c'est la chimie. En AB la base c'est la biologie. En agroécologie la base c'est l'écologie. Quand vous envoyez vos enfants à l'école, attendez-vous des professeurs qu'ils analysent les progrès de vos enfants avec des indicateurs de la chimie du cerveau par exemple ? Non. Moi je ne comprends pas que certains maraîchers « sol vivant » puissent vanter les mesures chimiques de l'état de leur sol. Je me demande s'ils ne sont pas des imposteurs sur les bords… C'est comme l'alimentation : c'est stupide d'évaluer votre régime alimentaire avec des indicateurs chimiques. Il faut que vous évaluiez votre régime avec … votre ressenti ! Avec le fonctionnement de vos sens, l'état de votre peau, de vos yeux, votre souplesse, votre vivacité intellectuelle, etc. Voyez comment votre alimentation influence la fonctionnalité de chacune des parties de votre corps. N'est-ce pas évident ?

les sociologues des sciences expliquent, et c'est ce qui ne plaît peut-être pas aux scientifiques, à savoir que la créativité *utilise* la science, ses théories et ses instruments. La science est un support de créativité, et non une source de vérité et de créativité, comme l'affirment la main sur le cœur les industriels de l'agrochimie. La science n'est qu'un moyen ; elle n'est pas une fin en soi ni un point de départ. Ce discours qui fait de la science l'alpha et l'oméga et non un simple moyen, n'est pas un discours tenable. Il ne faut pas hésiter à dénoncer ce discours : c'est un discours d'imposteur, d'usurpateur. C'est de la pseudo-science[14].

Est-ce que le ressenti est un « truc magique » ? Une illusion ? L'industrie agrochimique, via ses lobbys auprès des agriculteurs et des élus, fait tout pour maintenir cette idée. L'idée que tout part de la mesure chimique et que tout se solde par une mesure chimique. Car l'industrie agrochimique n'a pas du tout intérêt à ce que les agriculteurs redeviennent créatifs par eux-mêmes. Elle veut qu'ils restent dans une posture intellectuelle de soumission face aux techniciens des chambres d'agriculture, face aux ingénieurs agronomes, face aux chercheurs des instituts agronomiques et surtout face aux techniciens et conseillers des industries agrochimiques. Si les agriculteurs ne dénigraient plus le ressenti, en le moquant comme un truc magique New-age bobo, s'ils refaisaient confiance à leur ressenti, s'ils retrouvaient la juste place du ressenti, 90 % des « experts » agricoles d'aujourd'hui se retrouveraient au chômage. Et l'agriculture redeviendrait durable… Dis-moi quelle technique tu utilises et je te dirais si tu es un homme libre ou un homme soumis.

Restaurer le ressenti dans l'agriculture, c'est en finir avec le schéma diffusionniste chercheur – ingénieur -technicien – exécutant agricole (cf. mon cours théorique). Il faut être vigilant, car l'agriculture biologique a été soumise à ce schéma, et l'agroécologie est en passe de l'être. On trouve déjà sur internet des MOOC, des formations universitaires en agroécologie sur internet. Mais les enseignants sont des chercheurs et des ingénieurs qui n'ont jamais eux-mêmes cultivé. Ils ont des savoirs, et ils estiment que ces savoirs les légitiment pour enseigner aux autres comment cultiver. Mais ils n'ont pas de connaissance, donc moi je ne leur reconnais aucune légitimité. Je dirais que, pour paraphraser une maxime bien connue, savoir sans connaissance n'est que ruine de l'âme.

La mélodie de l'agroécologie

L'agroécologie est un peu comme la musique. Un musicien novice peut comprendre pourquoi une symphonie de Mozart ou de Bach est un sommet, un chef-d'œuvre, une production unique. Ces explications constituent un savoir. Mais le novice n'est pas en mesure de jouer ces symphonies : il doit d'abord faire ses gammes. Il doit d'abord connaître les arrangements simples, puis de plus en plus compliqués. Sans ressenti, rien n'est possible. Il faut co-naître. La musique peut être étudiée scientifiquement, mais personne ne songe à demander à un scientifique musicologue d'être particulièrement créatif. D'inventer des catégories de musique ou des instruments de musique. La science est un moyen : c'est en musique une évidence, qu'il faut transposer à l'agriculture.

Masanobu Fukuoka écrivait : « le but ultime de l'agriculture n'est pas la culture de récoltes mais la culture et la perfection des êtres humains ». J'invite les lecteurs qui souhaitent plus de précision sur le ressenti à renouer avec la pensée de Fukuoka, pionner des années 1950, dont j'ai fait une présentation dans mon livre *L'agroécologie ç'est super cool. Et autres arguments très sérieux en faveur de l'agroécologie*. Voyons maintenant ces techniques d'agroécologie avancée.

---

14 Et je sais de quoi je parle, cf. mon livre *Sens de la vie et pseudo-sciences*.

LES TECHNIQUES AGROÉCOLOGIQUES AVANCÉES

Le principe des combinaisons culture – engrais vert

Le principe est simple et double.

- Dans la terre : il faut faire en sorte que tout le volume de terre soit occupé par des racines. Là où les racines de la culture ne s'étendent pas, il faut que les racines d'un engrais vert (d'été) occupent ce volume.

- En surface : il faut faire en sorte que le sol soit totalement couvert par les feuilles. Là où le feuillage des cultures ne s'étend pas, il faut que le feuillage d'un engrais vert d'été s'y développe.

Bien sûr, à cette combinaison s'ajoutent les autres techniques agroécologiques :

- Le semis d'un engrais vert après la culture, pour que le sol soit couvert par un feuillage et occupé par des racines durant l'hiver ;

- Le paillage. Le paillage peut être étalé dès après les semis, en juin. Les semis de la culture et de l'engrais vert vont lever au travers (ne pas pailler trop épais !). Ou bien l'engrais vert combiné sera fauché et recouvert de paillage avant que la culture n'arrive à maturité (facile à faire pour les choux et les courgettes). Le semis d'engrais vert d'hiver peut être paillé ; il lèvera au travers. Enfin, début mars, l'engrais vert sera fauché s'il a bien poussé.

- Le décompactage hivernal de la terre, fin février début mars. Une fois l'engrais vert fauché, la grelinette sera passée et du foin, s'il en reste, sera de nouveau étalé sur la planche.

- La bâche noire. Début mars (ou plus tôt selon la culture prévue), une fois les restes de foin étalés, la planche sera recouverte par la bâche noire pendant au moins huit semaines.

Pour le débutant, il est trop difficile de parvenir à maîtriser toutes ces techniques dès la première année. Je lui recommande de commencer par faire deux années d'engrais verts, pour se familiariser avec ses outils et avec les paillages. Puis deux-trois années culture-engrais vert d'hiver pour se familiariser avec les semis, avec sa terre et pour déterminer quelles cultures sont requises. Une fois ces cultures connues en qualité et en quantité, il est possible de fixer un plan de rotation des cultures (combinées avec des engrais verts d'été) et un plan de rotation des engrais verts d'hiver (les deux plans in fine n'en forment qu'un seul). J'ai commencé mon jardin à l'automne 2012, et je suis arrivé à un plan adéquat de rotations cultures-engrais verts d'été et engrais verts d'hiver pour l'automne 2018.

Dans le chapitre *Organisation* je vous présenterai mon plan de rotation. Auparavant, voyons dans le détail chaque combinaison culture-engrais vert.

Combinaison courgette-phacélie

À la mi-mai, je prépare la terre et j'y sème de la phacélie. Quand les plants de courgette sont prêts, je fais un trou que je remplis d'une pelletée de compost et j'y installe le plant. La phacélie pousse ; quand elle atteint trente centimètres de hauteur et que les courgettes commencent à fleurir, je la coupe à la faucille, je la laisse sur place et je la recouvre de foin. Un détail qui a son importance : les racines de phacélie, en poussant comme en se décomposant, maintiennent l'humidité dans le sol. Contrairement à la culture de salade qui nécessite d'arroser toute la surface de la planche, je n'arrose les courgettes qu'au pied. Vingt centimètres plus loin, sous le paillage, la terre dessèche, surtout si l'année est caniculaire. L'engrais vert, qui n'a pas besoin d'être arrosé, prévient la dessication de la terre.

Cela peut sembler bien pénible : semer l'engrais vert, planter les courgettes, attendre que l'engrais vert pousse, le faucher et enfin le recouvrir de foin. Surtout qu'il faut pailler en prenant soin de ne pas endommager les plants de courgettes en fleur. Ensuite les courgettes vont s'étendre par-dessus le paillage et commencer à donner leurs premiers fruits. À ce jour je ne vois pas d'autre technique pour maintenir le sol fertile sans utiliser d'intrant. Je ne dispose que de foin et d'engrais vert, et je dois les combiner de façon optimale.

Combinaison chou d'hiver – radis oléifère

Avant de planter les choux, je fais un semis de radis oléifère avec un semoir de précision (cf. chap. 19 Le matériel de culture). Comme pour les courgettes, avant qu'elle ne devienne trop grande et gêne les cultures, je fauche le radis, je le laisse sur place puis je le recouvre foin. Cela se fait dans le premier quart de juillet environ. L'objectif est toujours le même : faire en sorte que des racines se soient développées dans toute la terre de la planche, les racines de l'engrais vert complétant celles de la culture.

Notez que si le semis d'engrais vert lève mal, il est difficile de le refaire une fois que les choux ont pris racine et que leurs feuilles commencent à s'étaler. Il faut donc, simplement, laisser les mauvaises herbes prendre de la hauteur, puis les faucher comme on l'aurait fait avec l'engrais vert.

En été les choux entament une croissance franche, le sol étant bien protégé par l'engrais vert en décomposition et le paillis par-dessus. Septembre – début octobre, là où le paillis n'est pas recouvert par les feuilles de choux, il faudrait resemer un engrais vert. En pratique, c'est difficile. C'est impossible pour les choux de Bruxelles. Pour les choux de Milan, l'engrais vert n'avait pas bien levé et l'été fut caniculaire. Les grosses feuilles des choux sont tombées. J'ai donc tenté le coup : il y avait assez d'espace entre les choux pour passer le semoir, j'ai donc semé de cette façon un engrais vert d'hiver ! Ce n'était pas prévu, mais ça a fonctionné. Là où l'engrais vert de printemps a été fauché et recouvert de foin, l'idéal serait d'écarter ce paillage de place en place et de semer à la main quelques graines d'engrais vert. Sinon au cours de l'hiver il n'y a que la culture qui occupe le terrain. Mais c'est beaucoup de travail – trop même pour mon degré de motivation.

Hélas la photographie ne permet pas d'illustrer ces cultures combinées courgette-phacélie et chou-radis. C'est vert sur vert, on ne distingue rien. Alors, cher lecteur, je vous demanderai d'utiliser votre imagination ! Oui, en ces temps d'internet mobile à tout-va, de dématérialisation des avis d'impôts et autres cotisations sociales, ça fait un peu ringard l'imagination, je sais… Mais tant que cette part d'humanité n'est pas encore interdite par votre banquier et par Bercy, pourquoi s'en priver ?[15]

Combinaison navets d'hiver – poacée

Après les oignons, début août je fais je fais des semis de navet marteau, navet boule d'or, rutabaga et radis noir. Je laisse 20 cm entre chaque ligne de semis, ce qui me permet de semer entre une poacée

---

15 Je vous avais prévenu : se lancer dans l'agroécologie, c'est aller à contre-courant de l'idiotie moderne déshumanisante, qui remplace petit à petit chaque partie de notre humanité par un gadget technico-admnistrativo-financier. L'agroécologie, c'est aussi une politique en action ! La politique des gadgets technico-admnistrativo-financiers ne porte rien de bon pour l'avenir de l'humanité…

d'hiver (avoine, épeautre ou seigle). Une fois les semis faits, je les recouvre d'un peu de paillage, comme d'habitude.

Combinaison légumineuse – engrais vert

Je fais des planches de légumineuses, à trois ou quatre rangs : un rang de petit-pois grimpant nain ou de pois mange-tout grimpant nain (sur un grillage de 1 m de hauteur) ou de haricots secs ou demi-secs grimpants, et deux ou trois rangs de haricots mange-tout nains. Les racines de ces cultures ne vont pas en profondeur, et elles souffrent terriblement des sécheresses : la canicule de juillet 2018 a fait passer ma production de haricot mange-tout de 25 kg à 4 kg par semaine. Ces cultures ont donc besoin d'un engrais vert qui maintienne l'humidité dans le sol, ou qui aide les racines des cultures à aller plus profondément en terre. Et aussi qui ombre un peu ces cultures. Pour des soucis de rotation, je ne peux pas faire d'engrais vert légumineuse en hiver. Donc, comme pour les choux, je dois le faire au printemps ! Je dois semer un engrais vert légumineuse avec les cultures de légumineuses.

Les haricots nains étalent bien leur feuillage sur 40 cm de largeur, ce qui fait que toute la planche est couverte. Il faut donc un engrais vert qui ne s'étale pas, car il n'y a pas de place pour lui en surface ! Cette année j'ai testé la luzerne. Elle monte et se dresse verticalement au-dessus des haricots nains, sans s'étaler, sans les gêner. Mais les racines de la luzerne plongent profondément dans la terre ; même coupées par le motoculteur à 10 cm, la luzerne repart. C'est que la luzerne est un engrais vert conçu pour rester 3-4 années en place. Quel serait l'engrais vert idéal ? Du sarrasin, qui lui aussi monte sans s'étaler ? Plus de réflexions sur ce sujet au chapitre *Choix des engrais verts combinés* p. 70.

Mais rien n'est simple, car j'ai sept dates de semis de haricots nains : 2e et 4e semaines d'avril, 4e semaine de mai, début juin, mi-juin, fin juin et mi-juillet.

En avril je fais une planche complète de haricot nains rapides (variété speedy), que je recouvre d'un tunnel nantais. À ce jour, je ne sais pas s'il est utile de semer un engrais vert parce que ces cultures précoces ne souffriront pas de la canicule estivale. Elles profiteront de la réserve d'eau du sol qui s'est constituée en hiver. Mais je vais essayer. Qui ne tente rien n'a rien !

Avant les haricots semés fin mai et début juin, je ne sème aucun engrais vert. En même temps qu'eux j'ai semé de la luzerne.

Avant les haricots semés à la mi-juin, fin juin et début juillet, je fais un semis de phacélie à la mi-mai. Quand vient le temps de semer les haricots, j'arrache manuellement la phacélie, je repasse le motoculteur si nécessaire et je sème haricots et luzerne.

L'idée est celle-ci : essayer de minimiser la durée entre la date du travail du sol de la planche entière et la date de semis des haricots nains, en tenant compte des pois et petits pois qui doivent être semés en avril. Pas facile ! Il faut bien s'organiser. Dans le chapitre *Organisation*, je vous présenterai le calendrier de travail dédié aux légumineuses.

Combinaison chou-fleur-chénopode (essai !)

J'ai remarqué que le chénopode lève naturellement dès avril, entre les premiers choux-fleurs, alors que la terre est encore froide. Les plants de chénopodes lèvent en grand nombre et très denses. Leurs racines occupent donc bien la terre, et je les enlève au fur et à mesure autour des choux-fleurs, pour que ceux-ci grandissent sans peine.

J'ai mis plusieurs années à comprendre que cette levée précoce du chénopode mérite d'être testée : le chénopode peut-il servir d'engrais vert ? En avril, dans ma terre lourde et froide, aucun engrais vert ne lève. En 2018 j'ai donc décidé de faire de la semence de chénopode. Pour cela, j'ai gardé un pied de chénopode tous les mètres, entre les choux, que j'ai laissé monter en graines. Les graines ont été récoltées en octobre, à la suite de quoi j'ai semé l'engrais vert d'hiver sans attendre.

En 2019, après un travail du sol début avril, je vais semer du chénopode et couvrir la planche d'un tunnel. Deux semaines plus tard j'y planterai les choux-fleur. Ensuite, dès que j'aurai du foin pour pailler, je faucherai le chénopode, le laisserai sur place et le recouvrirai de foin (comme pour la phacélie avec les choux d'hiver et les courgettes). Hormis un pied de chénopode porte-graine que je laisserai tous les deux mètres. On verra bien le résultat ! Il faut oser ! Mais j'essaierai aussi le radis oléifère ; il lèvera peut-être bien (en 2018 je ne l'ai testé qu'à partir de mai).

Combinaison fèves-sarrasin

Comme expliqué, je sème de la chicorée entre les fèves. À la place de la chicorée, vous pouvez semer un engrais vert ! Du sarrasin par exemple. Une fois les fèves récoltées, fin juillet vous arrachez tout et portez tout au compost, et vous semez par exemple des navets d'automne, du radis noir, du rutabaga. Ou vous laissez tout sur place, vous recouvrez de foin et vous plantez des salades.

Combinaison engrais verts-haricots-courges

En 2018, j'ai également remarqué que les courges n'étaient pas bien pollinisées. Les abeilles ayant disparu, seuls quelques bourdons vaquaient de-ci de-là à leurs occupations de bourdon. J'avais bien de la phacélie avec les courgettes, mais je l'ai fauchée avant qu'elle n'arrive en fleur. Pour 2019 j'ai décidé de semer les courges directement en place, début mai, dans un semis d'engrais vert mellifère et de haricot nains semence. Je laisserai l'engrais vert fleurir, ce qui devrait normalement attirer les abeilles. J'hésite : dois-je semer seulement de la phacélie ? Ou essayer un mélange de phacélie et de sarrasin ? Ou de la bourrache ? Tout est possible !

Choix des engrais verts combinés

Je choisis mes engrais verts combinés en tenant compte des restrictions suivantes :

- Que le système racinaire de l'engrais vert soit complémentaire à celui de la culture (pivotant / superficiel) ;

- Que l'engrais vert soit facilement arrachable en même temps que la culture arrivée à terme ;

- Que l'engrais aide la culture à passer la canicule estivale (ombrage, protection contre le vent dessicant, maintien de l'humidité dans le sol) ;

- Et que l'engrais vert puisse durer aussi longtemps que la culture.

Pour cela, il faut caractériser la végétation qui demeure après la récolte. Que va-t-elle devenir naturellement : peut-elle se décomposer sur place ou faut-il l'amener au composteur ? Qu'en est-il de ses racines ? Si les racines de l'engrais ne se décomposent pas rapidement, il n'est pas possible de faire un nouveau lit de semence rapidement après la culture, pour semer un engrais vert d'hiver par exemple. Telles les racines de la luzerne.

Pour les choux, je vous ai expliqué qu'arrivé octobre, ne restait plus que le paillage. Un engrais vert serait mieux, car ce paillage (fait de l'engrais vert d'été fauché et de foin) se sera décomposé fin décembre. Qui de la protection du sol en janvier et février ?

Pourquoi donc ne pas faire d'une pierre deux coups ? C'est-à-dire résoudre en même temps le problème des racines d'engrais vert qui ne se décomposent pas et le problème du paillage qui se décompose vite ? Un engrais vert pérenne ou au moins pluriannuel ne pourrait-il pas être une solution ? Pour les choux, pourquoi ne pas semer, juste avant de les planter, une graminée ? Une graminée qui restera en place sans souci jusqu'à fin février ? Je me suis rendu sur les falaises d'Étretat. Là j'ai vu du crambe maritime, un chou sauvage, pousser à son aise dans l'herbe ! C'est décidé : en 2019 j'essaierai sur une partie de la planche de choux d'hiver un semis de graminée. Il faudra peut-être faucher cette graminée ; on verra bien…

Pour les haricots nains, un engrais vert pérenne serait peut-être aussi une bonne idée. La luzerne donc. Ou une autre légumineuse pérenne ou une graminée. Cela éviterait de faire le semis d'engrais vert d'après culture. À tester !

Je n'ai pas évoqué les combinaisons possibles pour les tomates, les concombres, les poivrons, etc. Il est certainement possible de trouver quel engrais vert convient à quelle culture. À vous de jouer ! À vous de ressentir ce que la terre et les plantes demandent.

Et les combinaisons avec les petits fruitiers ?

En 2017 et 2018, j'ai bien remarqué comment les mûres tayberry et les groseilles à grappes souffraient de la canicule estivale. Pour les mûres, je verrai si les pieds de consoude plantés à proximité immédiate ont un effet ou non. Sur le principe, il faudrait un engrais vert combiné qui ombre la terre au pied des mûres et des groseilliers et qui dans la terre maintienne l'humidité dans toute la zone ou se développent les racines des petits fruitiers. Bourrache ? Phacélie ? Légumineuse ? À tester !

Ne pas enfouir les engrais verts ?

La littérature et les techniciens « bio » recommandent d'enfouir les engrais verts dans les dix premiers centimètres du sol, pour qu'ils fertilisent mieux la terre. Cela nécessite des outils adéquats, attelés à un tracteur ou à un motoculteur puissant. Ce genre de machine m'est trop onéreuse. Je laisse donc les engrais verts fauchés sur place, là même où ils ont poussé. Et je les recouvre, autant que possible, de foin.

Est-ce mal, d'un point de vue agronomique ? Est-ce une perte d'azote, comme diraient les techniciens ? Vous avez compris ce que je pense des techniciens des instituts agricoles, conventionnels comme biologiques : je ne suis pas certain qu'ils veuillent le bien des agriculteurs. Ils ne jurent que par la chimie. Il y a derrière eux des fabricants de matériel et d'intrants… Le bio est devenu une filière reconnue, donc une filière où il y a de l'argent à se faire en vendant du matériel et des intrants.

Les incombinables

Certaines cultures ne peuvent pas être combinées à des engrais verts, principalement à cause des campagnols. L'utilisation des engrais vert est *une* technique, qui a ses fonctions, ses limites d'usage, ses avantages et ses inconvénients. La lutte contre ces ravageurs implique de garder la terre nue de mai à octobre, afin de pouvoir la remuer pour casser les galeries :

- carottes
- céleri-rave
- betteraves
- poireaux

Aux carottes et aux betteraves succèdent, en octobre, des engrais verts poacées. Après le dernier buttage des poireaux, il est trop tard pour semer un engrais vert. Quant au céleri-raves, je les plante assez dense de façon à ce que leur feuillage recouvre entièrement la planche. C'est mieux que rien ! À défaut de recevoir du paillage ou des engrais verts, ces cultures reçoivent du compost.

L'idéal ne serait-il pas de trouver un engrais vert qui repousse les taupes et les campagnols ? Mais pour rebutter les poireaux ? Eh bien il faudrait une variété de poireaux qui ne nécessite pas d'être rebuttée. Ou une technique qui permet d'obtenir des poireaux qui grossissent sans être rebuttés.

Les fraises ne peuvent pas non plus être combinés avec un engrais vert. Il faudrait semer celui-ci juste avant de planter les fraisiers en septembre-octobre à leur nouvel emplacement. L'engrais vert commencerait à croître verticalement au printemps, faisant de l'ombre aux fraisiers et maintenant de l'humidité au-dessus du sol. Cela gênerait la croissance des fraises. L'engrais vert rendrait aussi plus délicate la pose d'un filet anti-oiseaux.

ÉVOLUTION DES TECHNIQUES À MOYEN-TERME : LE CHAMP DES POSSIBLES

J'expliquais au chapitre *Les limites de mon système agroécologique*, que l'objectif à moyen-terme pourrait être de se passer complètement de paillage. De ne fonctionner qu'avec le triplet {culture – engrais vert combiné – engrais vert d'hiver}. Cette évolution sera inévitable si le changement climatique se poursuit, plaçant alors la Normandie dans un climat continental à dominante de vent d'Est et non plus dans un climat tempéré à dominante de vent d'Ouest (c'en serait fini des grasses et vertes prairies de Normandie).

S'il faut renoncer au paillage, l'engrais vert combiné (d'été) le remplacera. Il faudra déterminer quelle espèce d'engrais peut cohabiter avec quelle culture, afin de générer les effets suivants : ombrage du sol, développement racinaire complémentaire de la culture, mobilisation (maintien) de l'humidité dans la terre grâce aux racines, protection physique des cultures contre l'air dessicant (vent d'Est) et contre un soleil plus puissant qu'aujourd'hui.

Il faudra combiner engrais verts annuels et engrais vert pluriannuels.

J'ai essayé, par endroits, d'utiliser une autre mauvaise herbe comme engrais vert : la renoncule rampante. Elle possède de puissantes racines qui fusent en tous sens – si bien que quand je l'arrache elle me fait toujours penser à une pieuvre, qui est désormais son surnom : « la pieuvre ». La technique est simple : j'ai laissé pousser la renoncule sur 3 m², à travers le paillage. Dans les allées enherbées, la renoncule est difficile à arracher, mais pas du tout là où la terre a été travaillée. Premier constat : début mars, la renoncule ne s'est pas beaucoup développée durant l'hiver ! Je ne pense pas qu'elle fasse mieux qu'un engrais vert « classique ». Second constat : début mai, la renoncule s'est étoffée, ses feuilles ont grandi, recouvrant totalement le paillage. En l'arrachant, la terre en dessous est tout à fait grumeleuse et de meilleure qualité que la terre bâchée, au point qu'il est inutile de passer le motoculteur ! Hélas, cela ne peut convenir que pour quelques m², le travail d'arrachage de la renoncule (à la grelinette) étant plutôt pénible. Dans la Nature, on n'a rien pour rien…

Contrairement aux grandes cultures, en maraîchage il faut implanter rapidement l'engrais vert d'hiver après la culture d'été : du début de septembre jusqu'à la mi-octobre dernier délai. En grandes cultures, les engrais verts sont enfouis mécaniquement. Ainsi toute leur masse (feuillage et racine) se décomposent dans le sol ; rien n'est exporté. Mais avant de pouvoir semer, il faut attendre la fin de cette décomposition, soit entre 4 et 6 semaines. En maraîchage, cela amènerait à semer certains engrais verts à la mi-novembre, ce qui est trop tard. De plus, cela requiert des machines onéreuses. Pour semer l'engrais vert sans attendre après la culture d'été, j'enlève donc tous les restes de culture et je les composte. L'engrais vert combiné devra aussi être enlevé et composté (le compost, comme il est usuel de le faire, sera ramené en terre lors du printemps, pour les cultures qui en ont besoin). En hiver, l'engrais vert sera simplement fauché et laissé sur place. Une question essentielle se pose alors : cet ensemble de techniques assurera-t-il une fertilité suffisante de la terre ?

Jusqu'à présent, je mets du compost pour les carottes, les poireaux, les céleris rave, les betteraves, les tomates, concombres, poivrons, courges et courgettes. Choux, oignons et légumineuses ne reçoivent pas de compost : ce sont uniquement les engrais verts et les paillages qui permettent à ces cultures de pousser. Et ça marche. Je rappelle que le compost est produit sur place, à partir des restes de cultures, des mauvaises herbes et des engrais verts arrachés. Je n'en ai jamais acheté.

Idéalement, je souhaiterais parvenir à un système « zéro déplacement ». Je voudrais pouvoir laisser sur place tous les restes de culture et d'engrais vert, parce que les arracher, les transporter et les composter demande du temps et de l'effort. Pour l'instant, cela me semble impossible avec la technique de l'enfouissement : on ne peut pas faire de semis en novembre, comme expliqué. Même si un semis parvenait à lever, il ne pousserait pas, il ne s'étofferait pas et donc il n'aurait aucune fonction de protection de la terre contre les intempéries (et contre l'érosion). La terre resterait trop à nu durant l'hiver, et cela n'est pas acceptable. Je ne vois qu'une seule technique possible pour l'instant : à la fin de la culture d'été, enlever les restes de culture et d'engrais vert. Passer le motoculteur. Semer l'engrais vert avec 20 voire 30 cm de distance entre les lignes. Et dans cet espace étaler les restes de culture et d'engrais vert. Cette distance ne peut pas être moindre, car, imaginez, il faut y mettre les restes de courgettes par exemple, qui sont très volumineux ! Mais en 2018, j'ai amené tous les restes au compost, car en 2016 et 2017 j'ai constaté que si je les laisse sur terre, ils se décomposent très vite et ils ne protègent pas la terre en hiver. S'ils se décomposent rapidement, il y aura donc entre les lignes d'engrais vert 30 cm de terre nue. La question suivante se pose alors : le feuillage des engrais vert va-t-il recouvrir cet espace ? Mon expérience me dit que non. Un engrais vert d'hiver ne s'étale pas et ne prend pas de volume comme un engrais vert d'été. C'est pour cette raison qu'en 2018 j'ai semé les engrais verts serrés, avec 10-15 cm seulement entre les lignes.

À long terme, l'idéal serait de ne plus utiliser la bâche noire. Ce serait de faire en sorte que la phase de décomposition se déroule sans l'aide de la bâche noire. Comment ? Je ne sais pas encore… L'idéal serait aussi de ne plus avoir besoin de serre. La culture sous serre ne me plaît pas : la serre est un milieu artificiel où nous contrôlons la température, l'ensoleillement, l'humidité du sol, la ventilation... La direction est déjà trouvée : utiliser des variétés qui poussent en plein champ. Si nécessaire les créer. Et les créer non pas toutes seules, mais avec les engrais verts combinés adéquats. Bref, avec des variétés adéquates et des engrais verts adéquates. Imaginez les tomates, les concombres et les poivrons qui poussent dans l'air froid de mai et de septembre en Normandie. Certes, le réchauffement climatique rend cet avenir possible. Mais cette année, pour essayer, j'ai semé des courgettes en serre fin août, dans de l'avoine. Ces courgettes n'ont pas pris le mildiou, curieusement. Voilà de quoi nourrir l'intuition...

Les années à venir me rendront peut-être sensible à d'autres aspects du jardin, du sol et des plantes. Peut-être que dans la relecture des écrits de Masanobu Fukuoka je trouverai quelque observation du maître qui n'a pas retenu mon attention jusqu'à présent. Un élargissement de ma perspective (horticulture, sylviculture, biologie du sol), et des rencontres avec d'autres jardiniers, m'apporteront peut-être de nouveaux savoirs. Et tout cela[16] m'inspirera peut-être une nouvelle technique... Ce n'est pas forcément une technique qui apparaîtra comme la solution aux questions que je me pose aujourd'hui ; c'est vraisemblablement un nouveau regard qui viendra, qui changera les termes du problème et donc qui élargira le champ des possibles.

Cultivons notre intellect et nos ressentis : c'est cultiver le champ des possibles !

---

16 Cf. les voies d'innovation en annexe. Et MANCUSO & VIOLA, *L'intelligence des plantes* et WOHLLEBEN *La vie secrète des arbres* figurent dans mon programme de lecture.

14 SEMENCES ET SEMIS

FAIRE DES SEMENCES

Je m'essaie à la production de semences avec plus ou moins de succès. J'utilise les informations du livre d'Andrea Heistinger, association Arche Noah, Autriche, dont il existe désormais une version française. Il est facile pour le débutant semencier que je suis d'obtenir des graines fiables de roquette, radis, poirée, melon, tomates, petit pois, pois mange-tout nain, fèves, phacélie et concombres. A priori faciles à obtenir, les graines de haricots ne le sont pas, car les croisements sont nombreux. J'ai constaté que les haricots nains et les haricots grimpants se croisent en tous sens !

Semencier est un métier à part entière, aussi n'ai-je pas reproduit dans cette seconde édition les conseils très discutables que je donnais dans la 1ère édition !

Mais j'ai quatre bonnes raisons pour essayer de faire autant de graines que possible :

1. Les graines que j'achète ne proviennent pas de plants ayant grandi dans un jardin agroécologique, c'est-à-dire qu'ils n'ont pas grandi dans une terre paillée, avec des engrais verts combinés et d'hiver. Ils n'ont pas grandi à partir d'un terreau « maison » comme je le fais, mais à partir d'un terreau biologique industriel stérilisé.
2. Il n'y a pas de semencier en Basse-Normandie. Les Normands sont de grands dévoreurs de haricots par exemple, mais aucune graine de haricot n'est produite en Normandie ! Un comble ! Des semences locales seraient une garantie supplémentaire qu'elles supportent mieux le climat local. Pour l'instant mes semences viennent de l'Hérault.
3. Les graines d'engrais vert doivent être achetées. L'objectif d'autonomie me pousse à essayer de les produire sur place.
4. Faire soi-même ses graines permet d'économiser quelque argent. Par exemple 1 kg de graines de légumineuses coûtant environ 30 €.

FAIRE LES SEMIS

Comme expliqué, je fais beaucoup de semis dans des plaques alvéolées de 84 trous. Cela ne convient pas pour toutes les cultures. Pour les semis en pleine terre, la terre doit être suffisamment affinée (c'est le « lit de semence »), et les graines enterrées à la bonne profondeur en tenant compte de leur nature et de l'humidité de la terre. Bref, *le semis agroécologique ne diffère pas d'un semis conventionnel*. Sauf le terreau utilisé, qui est fait maison.

Certains permaculteurs proscrivent totalement le travail du sol. C'est considéré comme un acte de violence envers la terre. Ils ne sèment donc jamais directement : ils plantent. Et ils laissent germer les graines qui sont naturellement tombées des porte-graines. Le non-travail du sol n'est pas un objectif agroécologique, car la plus simple des cultures, le radis par exemple, nécessite de travailler le sol. Il faut bien recouvrir la graine de terre, n'est-ce pas ? À défaut, j'imagine qu'on peut simplement répandre les graines sur le sol et les recouvrir de paillage. Mais cela n'est possible qu'un temps, le paillage étant une technique aux limites désormais connues. Je n'en dis pas plus, car je ne connais pas assez la permaculture !

15 ORGANISATION

DATES DE TRAVAIL DU SOL

Vue d'ensemble :

Année n	En mai	Grelinette pour décompacter et aérer la terre Quelques jours après, passer le motoculteur pour affiner la terre Objectif : semis ou plantation des cultures principales, semis des engrais verts combinés et des engrais verts avant les cultures tardives d'été
	En septembre-octobre	Après les cultures passer le motoculteur pour affiner la terre Objectif : semis de culture d'hiver et d'engrais vert d'hiver
	Fin février – début mars	Faucher les engrais verts. Si possible, grelinette pour décompacter. Si disponible étaler du foin. Puis poser la bâche noire.
Année n+1	En mai	Grelinette pour décompacter et aérer la terre (si ça n'a pas été fait fin février) Quelques jours après, passer le motoculteur pour affiner la terre Objectif : semis ou plantation des cultures principales, semis des engrais verts combinés et des engrais verts avant les cultures tardives d'été

PLANS DU JARDIN

Tout commence par la réalisation du plan du jardin. Tant que vous ne savez pas de quelles cultures vous avez besoin et en quelle quantité, vous ne pouvez pas établir de rotations. Donc de plan. Les trois premières années, la seule règle à suivre est de ne pas faire deux années de suite la même culture au même endroit.

Je travaille avec deux plans de mon jardin. J'ai le *plan d'ensemble*, avec les planches et l'orientation cardinale :

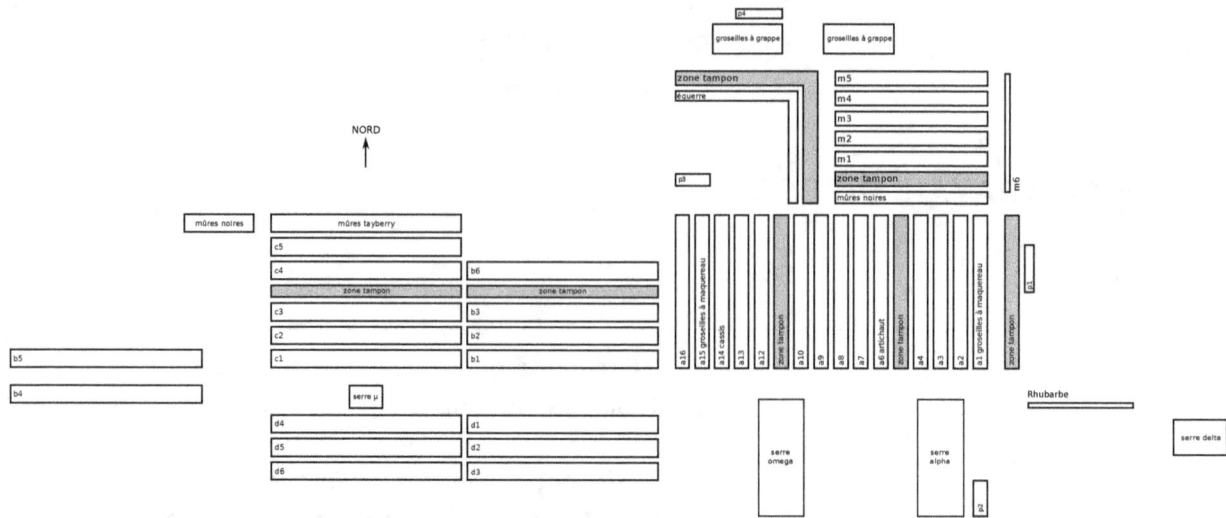

À moins de l'imprimer en A3, ce n'est pas pratique d'inscrire les cultures dans ce plan. Je fais donc des *plans effectifs*, c'est-à-dire ceci par exemple :

Planche	Culture
c5	Poireaux 3 lignes
c4	Navets de printemps / salade 5 lignes
c3	+120 Haricot nain Contender semis 1/7 (avant phacélie en 1/5) +90 Pois nain mange-tout Norli semis 1/5 (de part et d'autre du grillage) +50 Haricot nain Purple queen semis 4/5 +20 Haricot nain Purple queen semis 4/5
c2	Betterave 5 lignes
c1	Rhubarbe
d5	Fèves 4 lignes / chicorée entre

+20, +50, +90 et +120 sont le nombre de centimètres à partir du bord de la planche. Le signe / indique la culture suivante. Il est facile d'imprimer ce plan effectif en A4 et d'en remplir plusieurs exemplaires jusqu'à arriver aux emplacements idéaux des cultures. L'important est d'arriver à avoir toutes les cultures « sous les yeux ».

Pour positionner les cultures les unes par rapport aux autres, il faut prendre en considération la hauteur des cultures et leur besoin de lumière. Certaines cultures requièrent de l'ombrage, d'autres non. Ainsi j'ai compris que faire des salades ou des choux au nord d'une ligne de haricots grimpants ne donne pas de bon résultat. Même si à priori on peut penser que l'ombrage créé par les haricots les aidera à passe la canicule estivale : c'est en fait une erreur. J'ai aussi appris qu'il ne faut pas cultiver dans une même planche des légumes-racine et des légumes qui sont paillés : les campagnols adorent le paillage et accèdent en toute sécurité aux racines de la culture non paillée. Donc, par exemple, pas de betterave au pied des haricots grimpants paillés !

J'ai fait des plans effectifs pour 2015, 2016 et 2017. Ces trois années m'ont permis de savoir quelles cultures se vendent bien et en quelle quantité. Pour 2018 je suis passé à l'étape suivante : la fixation d'un plan de rotation. Avec 32 planches sur lesquels cultiver des légumes mais aussi des engrais verts, l'utilisation d'un ordinateur et d'un tableur s'est révélée plus pratique que de remplir à la main des plans effectifs.

ROTATIONS

Je vais vous présenter les rotations pour une partie de mes planches. La rotation s'effectue en décalant les cultures d'une planche tous les ans. Ainsi, en 2020 les courgettes seront en b2 et les choux d'hiver en b1. Aux rotations des cultures s'ajoute la rotation des engrais verts d'hiver. J'ai choisi ces variétés d'engrais verts parce qu'elles lèvent bien. L'épeautre possède des racines pivotantes qui vont en profondeur ; les autres graminées ont des racines qui s'étalent plus. Cependant l'épeautre semble pousser difficilement ; il ne couvre pas suffisamment la terre à mon goût. Je le remplacerai peut-être par du blé ou de l'orge.

Le radis oléifère à la racine pivotante complète les choux aux racines superficielles. Les haricots, pois et petit-pois sont combinés avec un engrais vert aux racines pivotantes. À ce jour, j'hésite entre la luzerne, le pois fourrager de printemps et la vesce commune de printemps. Je n'ai pour l'instant testé que la luzerne, aux graines minuscules. Semée en mai, elle ne lève pas très bien. Pois et vesce, aux graines plus grosses, lèveront sans doute mieux. Ce sera testé en 2019 !

Avant des salades, je tiens à faire de la moutarde pour « assainir » la terre. La moutarde blanche est réputée faire fuir les nuisibles du sol. Cela me semble indiqué pour prévenir les dégâts des taupins et de la chenille de louvette, deux ravageurs des salades. Il faut donc penser à faire de la moutarde en engrais vert d'hiver sur la planche où seront les salades l'année suivante ! En 2020 les salades seront en d2, donc en 2019 je dois semer la moutarde en d2.

Planche	Culture d'été	Engrais vert combiné	Culture d'hiver	Engrais vert d'hiver	Planche
b1	Courgette 3 et 4	Phacélie	- prélever terre pour faire du terreau début octobre	Épeautre et sarrasin après prélèvement	b1
b2	Légumineuse	-x-	-	Avoine	b2
b3	Chou de Bruxelles	Radis oléifère	Chou de Bruxelles	-	b3
b4	Carottes 2	-	-	Épeautre et sarrasin	b4
c2	Légumineuse	-x-	-	Avoine	c2
c3	Oignon	-	-	Seigle	c3
c4	Betterave	-	-	Épeautre et sarrasin	c4
c5	Légumineuse	-x-	-	Avoine	c5

Planche	Culture d'été	Engrais vert combiné	Culture d'hiver	Engrais vert d'hiver	Planche
d1	Navets de printemps et salade	-	-	Seigle	d1
d2	Poireau 1	-	-	Essaie de moutarde entre les rangs fin octobre	d2
d4	Légumineuse	-x-	-	Avoine	d4
d5	Chou d'hiver	Radis oléifère	Chou d'hiver	-	d5

-x- : cf. tableau suivant dédié aux légumineuses

Ceci n'est qu'une rotation possible. Vous pouvez penser en termes de parcelles et non en termes de planche. Par exemple faire une parcelle dédiée aux légumineuses, une aux crucifères, une aux alliacées, etc. Vous sous-divisez chaque parcelle en planches et vous faire alors vos rotations parcelle par parcelle et non plus planche par planche. Vous pouvez inclure de la prairie temporaire dans vos rotations. Tout est possible. Bien sûr, la demande de la clientèle va vous dicter quel pourcentage de surface vous devez allouer à tel type de culture, ce qui complique les rotations ! Le jardinier fait office d'interface entre la nature et la société…

LÉGUMINEUSES ET ENGRAIS VERTS

Étant donné que ma clientèle exige beaucoup de haricots mange-tout, de petit-pois et de pois mange-tout, le tiers de ma surface cultivée est alloué aux légumineuses. La littérature recommande une rotation sur cinq ans, soit une allocation d'un cinquième de la surface cultivée. Dans mon système, en faisant des engrais verts d'hiver et des engrais verts combinés, ce sont au moins quatre cultures sinon six qui prennent place entre deux cultures de légumineuses. J'espère qu'ainsi mes légumineuses ne souffriront pas de maladies ou de carences, ce qui se produit en général quand on ne respecte pas les délais entre deux cultures identiques. Dans quelques années on verra bien ce qu'en dit le jardin !

Le tableau suivant de rotation dédié aux légumineuses me permet de m'organiser pour atteindre les objectifs suivants :

1. Utiliser tout l'espace disponible de façon optimale. Ainsi il me faut mettre les petits-pois et les pois mange-tout entre les haricots nains. Et j'en sème une ligne (de petits-pois et de pois mange-tout) de chaque côté du grillage-tuteur ;
2. À chaque date de semis, ensemencer un nombre adéquat de lignes de haricots nains (4 lignes en avril, 4 lignes au 24 mai, 4 lignes début juin, 5 à la mi-juin, 4 début juillet et 3 à la mi-juillet).
3. Permettre à l'engrais vert pré-culture de bien pousser et réduire au minimum le temps que la terre reste à nu ;
4. Implanter les fraisiers après les légumineuses dont la récolte se termine en août.
5. Pouvoir travailler, autant que possible, les planches entières au motoculteur après les cultures, pour faire le semis d'engrais vert d'hiver en planche entière.

Le tableau peut sembler compliqué quand on débute ! Comme expliqué, le débutant ne doit pas essayer de mettre en pratique cette organisation, parce qu'elle requiert les compétences suivantes : bien utiliser le motoculteur, bien faire les semis et avoir déterminé le plan de rotation pour l'ensemble du jardin. Tout cela prend du temps, et pour disposer de ce temps, il faut être parvenu à une organisation globale satisfaisante. J'ai réalisé et mis en application mon tableau de rotation des légumineuses à ma sixième année uniquement (en comptant les deux premières années dévolues uniquement à la culture d'engrais vert pour rendre la terre cultivable) ! Donc ne vous hâtez pas.

Planche	Haricot nain - Nombre de lignes et date de semis(*)	Haricot nain - Date de semis(*)	Pois mange-tout (Norli)	Petits-pois (Kelvédon)	Haricots secs (Borlotti)	Variétés haricots nains et nombre de lignes	Engrais vert avant semis de haricot nain	Travail du sol
A7	2 en 2/4 puis fraises	8 avril				2 speedy		2/4
A7	2 en 4/4 puis fraises	24 avril				2 speedy		4/4
M3	2 en 4/5	24 mai			1 en 4/5	2 slenderette		4/5
# A16	2 en 4/5 puis fraises	24 mai		1 en 3/5		2 purple queen		3/5
A10	2 en 1/6	1 juin			1 en 4/5	2 contender		4/5
A2	2 en 1/6	1 juin			1 en 4/5	2 major		4/5
C2	3 en 3/6	15 juin	1 en 3/4			2 slenderette 1 purple queen	Phacélie en 4/4	3/4
~ C5	2 en 3/6	15 juin		1 en 3/4		2 contender	Phacélie en 4/4	3/4
~ C5	1 en 1/7	1 juillet				1 slenderette	Phacélie en 4/4	3/4
B2	3 en 1/7	1 juillet		1 en 1/5		2 purple quee, 1 major	Phacélie en 1/5	1/5
D4	3 en 3/7	15 juillet	1 en 4/4			2 slenderette, 1 contender	Phacélie en 4/4	4/4
M6	-	-	1 en 1/5	Semis phacélie en 1/5				1/5

(*) : pour m'organiser, je préfère utiliser la datation en quart de mois plutôt qu'en semaine numérotée officielle. Ainsi, au lieu de semaine 14 ou début avril, j'utilise 1/4 : premier quart d'avril. 3/5 est le troisième quart de mai, c'est-à-dire à partir de la mi-mai. J'ai fixé arbitrairement le dernier quart démarrant au 24 du mois, le second au 8 du mois.

La seconde colonne DATE DE SEMIS est écrite au format JJ/MM uniquement afin de pouvoir ordonner le tableau selon la date via la fonction « tri » du logiciel ! Cette fonction est utile parce que j'ai réalisé le tableau en l'ordonnant à partir de l'ordre des planches dans le jardin. Vous voyez ici le tableau ordonné en fonction de la date de semis.

Les planches A et M font 120 cm de large et permettent de semer quatre lignes de légumineuse (deux de haricots nain et deux de pois grimpant). Les planches B, C et D font 150 cm de large et permettent de semer cinq lignes (trois de haricots nain et deux de pois grimpant). Notez que la ligne de petit-pois et de pois mange-tout est en fait double (de chaque côte du grillage tuteur). La planche M6 est particulière : elle ne fait que 40 cm de large et elle est dévolue uniquement aux pois mange-tout, que je cultive en changeant de côté d'une année sur l'autre (une fois à droite, une fois à gauche, en alternance avec un engrais vert).

~ : Je ne peux pas ensemencer les 3 lignes de C5 en 3/6, sinon j'aurais trop de lignes de haricot mange-tout en 3/6 et pas assez en 1/7. Donc j'ai réparti C5 sur deux lignes du tableau.

: Voyez qu'en A16 j'ai fait en sorte que les récoltes de haricots-nains et de petit-pois se terminent assez tôt pour implanter les fraises en septembre.

Le dernier semis de haricot mange-tout doit être exclusivement un semis de haricots verts, les haricots violets et beurre ne faisant pas l'unanimité parmi les clients. Je précise qu'à la date de rédaction de ce livre, il n'est pas certain que je fasse du contender en 2019. Cette variété me semble trop sensible à la sécheresse. Je n'en ferai vraisemblablement qu'une seule ligne, avec les graines récoltées en 2018, et je verrai bien…

Entre la date du travail du sol et la date de semis de haricots nains, j'ai fait en sorte de pouvoir semer un engrais vert : il faut que celui-ci ait le temps de croître suffisamment. Pour deux semaines par exemple, il serait inutile de semer un engrais vert. Mais ce ne serait pas bien de laisser la terre nue pendant deux semaines. Il faut donc parvenir à mieux s'organiser ! Voyez que je sème la phacélie fin avril, qui va occuper le terrain, c'est-à-dire préserver la terre de l'assèchement et préserver la structure grumeleuse de la terre. Par exemple en C2 la phacélie sera semée en 4/4 et les haricots en 3/6. Avant de semer les haricots, je faucherai la phacélie, je décompacterai le sol à la griffe, je ferai le semis de haricots et j'étalerai la phacélie fauchée de part et d'autre du semis. Et je la recouvrirai même de foin !

Mon seul souci est la levée de la phacélie : fin avril elle ne lève pas toujours bien. Je réfléchis à un autre engrais vert précoce qui pourrait la remplacer. Le chénopode blanc peut-être…

Dans le cas des planches recevant un semis de haricot en mai et juin, j'ai fait en sorte que les dates de travail du sol, de semis de haricots et de petit-pois ou de pois mange-tout soient aussi rapprochées que possible. Par exemple M3 sera travaillée et ensemencée en une seule et même semaine. A10, A16 et A2 sur deux semaines. Cette organisation permet de minimiser la durée de terre restant à nu.

Concevoir les rotations n'a rien d'intuitif ! J'ai fait et refait plusieurs fois le plan effectif du jardin et en 2018 j'ai dû réajuster quelques cultures, ce qui m'oblige en 2019 à semer une ligne de haricots au même endroit qu'en 2018. C'est regrettable, mais inévitable.

TABLEAU DES SEMIS ET DES SEMENCES

Avec le plan effectif du jardin, le tableau des semis et des semences est un outil indispensable d'organisation. Il sert à regrouper toutes les informations : quoi semer, quand, où, quand planter, combien de graines sont nécessaires, combien de graines sont en stock et combien faut-il en racheter. Voici un extrait de mon tableau pour l'année 2018, que j'ai réalisé en décembre 2017 :

Culture	Planche	Date de semis	Date de plantation	Stock de graines	Graines à acheter
Haricot nain violet Purple queen	C3 +20 a4 +100 b1 +120	1/6 3/6 1/7	-	450	46m linéaire 33 graines/m soit 1518 nécessaires. Commander 1100 graines
Courgettes	A8 0-7m a8 8-13m a16 0-7m a16 8-13m	3/4 2/5 1/6 4/6	Dès que possible ! dernières gelées mi-mai	0	4 paquets de 10 graines Ronde de nice, Black Beauty, Cocozelle, Ortolana.
Carottes	A10 4 lignes B3 5 lignes	1/6 3/6	-	0	0,15g/m a10 : 7,8g b3 : 12,4 g commander 25 MGN nantaise
Oignon	B5 5 lignes	3/4	-	0	550 bulbilles
Chou-fleur	A7+90 a7+30 m4+90 m4+30	Oct.2017 1/3 1/4 1/5	Dès que possible	Variété Odysseus 1000 graines	ok
Céleri rave	A3 entier	3/2	Dès que possible	Monarch 250 graines	ok

MGN : millier de graines nues.

Sans ce tableau, impossible de faire les commandes de graines ! Cela implique de connaître le nombre de graines au mètre linéaire et le poids moyen de mille graines, pour passer du nombre de graines au poids de graines. Certaines variétés, selon les semenciers, sont vendues soit au nombre de graines, soit au poids de graines. En général, un bon semencier donne les indications de densité de semis et le pois de milles graines dans son catalogue.

J'utilise les mêmes densités de plantation et de semis qu'en agriculture conventionnelle non mécanisée – la mécanisation obligeant à accroître l'espace entre les lignes afin de faire circuler les tracteurs. Je sème moins dense qu'en agriculture biologique intensive, qui est pratiquée entre autres par Jean-Martin Fortier. Cette forme d'agriculture intensive n'est possible que grâce à l'utilisation de fortes quantités de compost : la terre est donc très riche et les cultures peuvent croître pareillement qu'en conventionnel mais sur un espace plus petit. En agroécologie la terre n'est pas riche, je ne peux donc pas semer aussi dense sous peine d'avoir des légumes chétifs.

CALENDRIER DE TRAVAIL

Après le plan de jardin et les rotations, après le tableau des semis, il faut organiser concrètement le travail. Pour chaque quart de mois je fais la liste des actions à mener : les semis, bien sûr. Si les semis se font en pleine terre, il faut préparer la terre quelques jours avant – c'est une évidence, donc je n'inscris pas les dates de travail du sol dans le calendrier. Par contre, j'y inscris la date de pose de la bâche noire, pour ne pas oublier que certaines doivent être posées en février et non en mars. La majorité des planches sont ensemencées autour de la mi-mai, donc début mars je bâche toutes les planches. Les planches qui reçoivent des cultures précoces doivent être bâchées plus tôt : les fèves, les premiers haricots, les navets de printemps. La durée de couverture doit être au moins de deux mois, pour permettre une bonne décomposition des restes de culture d'engrais vert et de foin.

Voici un extrait de mon calendrier de 2017 :

	Calendrier 2017	
Date	**Semis**	**Levée**
3/1	Bâche planche fèves	√
1/2	Tomates cerise black cherry, miel du Mexique et poire, 10 pieds de chaque Bâche planche navets	Difficile. À faire en 1/3 en 2018
2/2	Poireaux 160 graines	Non. Cause inconnue.
1/3	Navet de printemps 1/2 plaque Poireaux 160 graines +160	√ √
3/3	Chou rave 1 plaque Navet de printemps 1/2 plaque Pommes de terre a3 fèves D4 de 0 à 6 m	
4/3	Petits-pois 3 plaques Concombre 10 graines	Essayer 1/4 pleine terre en 2018
1/4 + tonte pour A7, B3, D5	Salade 1/2 plaque Melon 12 graines Fève D4 6-11 m Chou-fleur 1 plaque Chou de Bruxelles 1/2 plaque Navet de printemps 1/2 plaque Chou cabus nantais hâtif 1/2 plaque	

En plus du calendrier, je note dans un petit carnet chaque semis jour par jour. J'y écris par exemple « 20 mai : plantation en A7 des choux du 13 avril ».

J'emmène dans la jardinerie, près de la table à semis, mon calendrier de travail, le plan effectif du jardin et mon carnet. Chaque soir je les rentre dans la maison, depuis qu'en 2016 des escargots ont trouvé marrant d'en manger certaines feuilles ! Le mieux est d'avoir un double des plans et des tableaux.

LES CONTRE-TEMPS

Les dates de travail du sol sont évidentes pour les semis directs. Par contre pour les planches recevant des plantations, choux et courges par exemple, il faut suivre la croissance des plants et tenir compte de la météo. Mieux vaut préparer la terre trop tôt que trop tard, mais en avril et mai la météo souvent pluvieuse chamboule le calendrier. Parfois il est même impossible de passer le motoculteur. Il faut donc décompacter la terre manuellement, au cultivateur à cinq dents, ce qui prend au moins trois fois plus de temps ! Un mauvais printemps, froid et pluvieux comme en 2015 et 2017, empêche la terre de se réchauffer – en même temps qu'il rend impossible le passage du motoculteur. D'un côté on voudrait bien semer et planter, mais la météo l'interdit. De l'autre côté, on ne peut pas reculer sans cesse les dates de semis pour attendre que l'air et la terre se réchauffent.

Et les mêmes soucis valent pour les semis. S'il pleut trop, la terre est trop collante et on ne peut pas utiliser le semoir de précision. Il faut alors ouvrir chaque sillon à la binette, semer chaque graine à la main et refermer le sillon... le temps de travail est multiplié par trois !

Bref, les mois d'avril et mai sont délicats ; chaque année on fait un calendrier de travail, mais chaque année la Nature nous le fait changer ! Il ne sert à rien de stresser, il faut simplement travailler au jour le jour. C'est une caractéristique du métier.

16 GÉRER LES NUISIBLES

« Dans ton jardin, rien ne t'appartient. »

LES CAMPAGNOLS

Quels légumes affectionnent-ils ?

En 2014 les pertes causées par le campagnol étaient considérables sur les panais (50 %), carottes (100 %), céleri rave (40 %), betterave (50 %), pomme de terre (25 %), poireau (50 %) et fraises (20 %). Les légumes-racine sont particulièrement visés par le campagnol *Microtus arvalis*. À ne pas confondre avec le mulot, qui est la souris des champs. La première fois qu'on est confronté aux méfaits du campagnol, le plus difficile est de ... constater qu'il est présent. Les légumes semblent sains et vigoureux jusqu'au jour où ils fanent d'un coup. Cela se passe très vite : le matin votre légume a fière allure, l'après-midi il est fané. Vous le bougez un peu et avec surprise vous l'arrachez de terre : toute la partie inférieure a disparu ! Le rongeur consomme le tubercule par en dessous et de l'intérieur, si bien qu'en apparence rien n'est constatable avant le dernier moment. Du tubercule de céleri et de betterave il ne reste que la peau ; poireau, panais et carottes sont entièrement consommées sauf les parties aériennes. Mêmes les racines d'artichaut sont consommées, entraînant la perte de 30 % (hiver 2014) jusqu'à 80 % (hiver 2017) des pieds d'artichauts. Certains tubercules de pomme de terre sont entièrement consommés, d'autres en partie seulement. Faisant contre mauvaise fortune bon cœur, j'utilise ces tubercules comme semences pour l'année suivante…

Pour moi, la perte des artichauts est très regrettable, car les artichauts et les fraises sont complémentaires. Un printemps humide déplaît aux fraises mais favorise les artichauts. Inversement un printemps sec déplaît aux artichauts et favorise les fraises. Or le printemps 2018 était humide et froid, donc je n'ai eu ni fraise ni artichaut !

Les années suivantes, ayant pris les mesures adéquates, les pertes furent aux environs de 5 à 10 % toutes cultures confondues, sauf pour les pommes de terre, pour lesquelles les pertes demeurent aux environs de 30 %. De temps en temps, les campagnols causent aussi des pertes sur les salades d'été, les endives et les scaroles d'hiver, toujours en dévorant les racines.

Où vivent les campagnols ?

On trouvera les nids de campagnols de mai à octobre dans les zones tampon, dans la prairie environnante, à la limite entre le paillage des planches et l'herbe des chemins, sous les cuves d'eau, dans les talus, à la base des tas de foin. Bref presque partout. Les campagnols font au moins trois portées entre mai et octobre. Leur durée de vie est de 18 mois. Les plus gros spécimens, qui sont les plus âgés, ont presque la taille d'une taupe.

Comment circulent-ils dans le jardin ?

Agroécologie et permaculture sont souvent montrées du doigt à cause des pullulations de campagnols que le non-travail du sol et le paillage entraîneraient. Surtout le paillage. Effectivement, ces formes d'agriculture gênent moins le campagnol dans son mode de vie que ne le font l'agriculture et le jardinage traditionnel. En traditionnel, le labour détruit les galeries des campagnols. À cela s'ajoute le compactage des allées : les jardins traditionnels ont des allées de terre compactée. Un campagnol ne peut pas y creuser de galerie. Est-ce pour cette raison que les allées ne sont jamais enherbées, et que les moindres mauvaises herbes y sont enlevées à la binette ? Peut-être.

Dans mon jardin, les allées sont enherbées, la terre y est souple. Les campagnols peuvent donc y creuser des galeries. Et par ces galeries ils peuvent accéder à toutes les planches de culture. Et de là faire leurs nids sous les paillages. Dans le sol des allées enherbées, je sens, avec mes pieds, qu'il y a tout un réseau de galeries pérennes, qui relient entre elles toutes les zones du jardin. Ce sont les autoroutes des campagnols pour ainsi dire !

On reproche aussi aux bâches de favoriser les campagnols. Étant donné qu'elles ne sont installées que de mars jusqu'à la mi-mai, je ne le pense pas. C'est un temps trop court. Par contre, lorsque j'ai fait l'essai de planter les fraisiers dans de la bâche tissée, bâche qui est restée en place du début de l'automne jusqu'en juillet, quand j'ai enlevé la bâche dessous j'y ai trouvé d'innombrables galeries. Dans ce cas, effectivement, la bâche favorise la pullulation des campagnols. Il faut donc proscrire tout usage prolongé de la bâche noire.

Comment réduire les dégâts ?

Il faut gêner les campagnols, les tuer de façon adéquate dès les premiers dégâts et avoir des chasseurs de rongeurs.

Gêner les campagnols

1) Le travail du sol au printemps

Le travail du sol au printemps (grelinette + motoculteur) est une première gêne : cela détruit les galeries creusées au cours de l'hiver.

2) Casser les galeries en cours de culture

Ensuite, au cours du premier mois de culture, il faut casser les galeries que ces bestioles creusent dans les planches de poireau, céleri, betterave et carotte. Pour cela je passe le croc sur le pourtour de la planche et entre les rangs. C'est un outil avec une seule dent, longue et terminée en feuille de laurier, qui décompacte la terre sans la retourner. Les poireaux devant être butés au moins deux fois : ces rebutages détruisent en même temps les galeries. Vous aurez compris qu'il ne faut pas pailler les cultures de légumes-racine ! Le paillage empêche de passer le croc.

Toutes les autres cultures peuvent être paillées : si les campagnols y font des galeries, ce n'est pas gênant pour leur croissance !

Une fois votre culture plantée, dans une terre affinée, chaque jour vous devez observer la terre. Une galerie en train d'être creusée est facile à repérer : la terre se bombe. Vous pouvez la casser, mais mieux encore est de l'ouvrir au bord de la planche et d'y placer un piège (cf. plus bas). Sachez qu'un campagnol peut creuser un mètre de galerie par jour.

3) Ne pas mélanger les cultures

Exp. 5+ : Cela implique de faire un seul type de culture par planche. En 2016 et 2017, n'ayant pas encore déterminé précisément les cultures se vendant le mieux, j'ai planté des betteraves après des petits-pois et à côté de haricots grimpants. Avec du paillage au pied des petits pois et des haricots grimpants, les campagnols avaient fait en dessous plein de galeries. Ils se sont donc jetés sur les betteraves dès qu'elles eurent deux centimètres de diamètre. Tout a été mangé. Avant de planter les betteraves, j'avais travaillé la terre sur environ vingt centimètres de largeur. J'ai constaté par la suite que cette petite bande de terre travaillée avait été en tous sens creusée de galeries ! En tout sens. Sous chaque pied de betterave il y avait une galerie ! Dit autrement, c'est une très bonne technique pour faire un élevage de campagnols… Donc la troisième façon de prévenir les dégâts est de ne pas mélanger les cultures de légumes-racine avec des cultures de légumes fruits et feuilles.

4) Travail du sol en automne

Le second travail du sol à l'automne, pour semer les engrais verts d'hiver ou la culture d'hiver, gêne encore les campagnols.

5) Décompactage du sol fin février (si possible)

Enfin, ma terre étant lourde, avant d'installer la bâche noire début mars je la décompacte à la grelinette. Je ne passe pas le motoculteur : je fauche l'engrais vert, je l'étale (et le recouvre de foin s'il m'en reste), et je passe la grelinette. Ceci casse encore une fois les éventuelles galeries.

Donc certes un jardin agroécologique – et permaculturel – est aussi un lieu de vie pour les campagnols. Mais ces cinq mesures préventives, qui sont en même temps utiles pour la qualité du sol et des cultures, vous permettront de dormir sereinement.

Ajoutez à ces mesures un piégeage adéquat et vous aurez relativement peu de pertes

Piéger les campagnols

À partir de la mi-juillet, il faut que vous observiez chaque jour vos cultures de légumes-racine. Dès qu'un légume est dévoré, agrandissez un peu l'ouverture de la galerie, placez à côté une petite tapette à souris, avec un appât adéquat (un petit reste du légume dévoré convient parfaitement) et recouvrez le tout d'un grand pot, afin que la tapette et l'ouverture de la galerie soient à l'obscurité en cours de journée. C'est une méthode efficace : vous serez surpris de la quantité de campagnols piégés, en général deux à quatre par jour. Le campagnol est peu futé : même s'il reste du sang de ses congénères sur l'appât, il croque dedans et se fait prendre.

Je n'utilise pas de gants : cela ne fait pas de différence – bien qu'il existe une théorie selon laquelle nous laisserions notre odeur d'humain sur la tapette et cela ferait fuir les campagnols. Je n'ai pas constaté cet effet. Une seule ouverture de galerie peut vous permettre de piéger une douzaine de campagnols en quelques jours !

Chasser les campagnols

Les chats s'amusent beaucoup à attraper les campagnols. Les femelles semblent plus efficaces que les mâles. La stérilisation ne semble pas réduire leur activité de chasse.

Notez que le paillage et un feuillage dense des cultures empêchent le chat de creuser et de découvrir les galeries. Il me semble que les chats sont plus actifs en hiver, la végétation plus rase leur facilitant la tâche. Les bâches noires déroulées à partir de mars vont hélas les gêner.

Les rapaces diurnes et nocturnes sont censés être de grands consommateurs de campagnols. Je ne suis pas en mesure de confirmer ou d'infirmer cette théorie. Il y a bien une chouette dans les environs de mon jardin, mais je ne sais pas si elle y chasse. Le perchoir que j'avais installé à cette fin ne semble pas être utilisé. Vraisemblablement, l'environnement autour de mon jardin est défavorable à la nature sauvage. Les grands arbres sont de moins en moins nombreux, et les champs de maïs sont de plus en plus grands…

LES TAUPES

Je n'ai rien contre les taupes : elles ne me causent aucun dégât, et leurs galeries permettent un drainage naturel de mon terrain durant les mois les plus pluvieux. Les taupes creusent à toute vitesse : dans une terre affinée on peut les voir progresser en direct. La terre se bombe, la galerie « avance » d'un mètre par heure. C'est rigolo. Au pire, les taupes dérangent un légume qui pousse sur leur trajectoire. Mais une fois la galerie en place, le légume développe ses racines de part et d'autre et il reprend sa croissance. Je n'ai – pour l'instant – jamais observé de légume mature être détruit par une taupe.

Mais « la bête rousse suit la bête noire » comme on dit : les campagnols (roux) empruntent les galeries des taupes (noires). Ils goûtent alors les fines racines mises à nu dans la galerie de la taupe et s'ils identifient leurs légumes favoris, ils remontent tout simplement les racines jusqu'au tubercule. Ces coquins attendent patiemment que le légume soit suffisamment gros pour le boulotter ! Eh oui : il faut parvenir à dormir sereinement, quand bien même il est certain que, quelque part dans le jardin, un lâche campagnol a repéré son tubercule favori et se prépare à la dévorer, sans que nous ne puissions rien y faire, bien à l'abri dans sa galerie. Mais un « clac ! » justicier du piège, ou une griffe de chat, nous vengerons plus tard de ce boulotage illégal.

Faire fuir les taupes fait donc fuir aussi les campagnols. J'ai remarqué que les taupes ne s'aventurent pas trop là où la terre est laissée à nu (cas des carottes, poireaux, céleris et betteraves). Nue, la terre s'assèche et les vers de terre la quittent. Les taupes chassent le ver de terre ; elles vont donc là où il se trouve de préférence : sous un paillage. Le travail régulier du sol gêne aussi les taupes. Elles ne meurent pas pour autant, car elles partent simplement dans ma prairie.

LES MULOTS

Il semble que les mulots, les souris de champs proprement dites, soient moins nombreux que les campagnols. Ils occasionnent les même dégâts, en empruntant aussi les galeries des taupes. Pour information, les musaraignes circulent aussi dans ces galeries, qui sont vraiment des autoroutes du sous-sol.

En plus, il me semble que les mulots sortent plus volontiers des galeries : ils vont manger les petits pois, les haricots et les plants de haricots (!), les pommes de chou-fleur, les pommes de chou et les salades.

Le piégeage est tout aussi efficace qu'avec les campagnols, et les chats semblent les apprécier tout autant. Avant de faire des semis directs en serre, pensez à installer des pièges à mulot. Ce sont simplement des tapettes appâtées avec la graine utilisée. Posez la tapette bien le long de la bâche de serre, car la bestiole longe les murs, c'est connu ! Les mulots m'ont souvent déterré et dévoré les graines germantes de fèves, de petits et d'engrais vert graminée. En mars 2016, j'ai ainsi perdu tout mon semis de fèves.

BISOU BISOU LES MIGNONS !

Les campagnols sont incontestablement mignons et rigolos, avec leur drôle de façon de se tortiller dès qu'ils sont à l'air libre. Ainsi, ils semblent vraiment gentils et inoffensifs. Ils mangent ? Et alors ? Ce n'est pas de leur faute, tout ce qui a des dents ne peut pas faire autrement. Bref leur petitesse et leurs airs d'angelots terrestres semblent vouloir nous inviter à la clémence… Mais il ne faut pas céder à la « bisounourserie » ! Il ne faut pas les sous-estimer, sous peine de perdre toutes les récoltes.

La seule utilité que je leur concède est qu'ils entretiennent les galeries, galeries qui évitent l'engorgement de mon terrain en hiver. Un champ situé à une centaine de mètres du mien était auparavant planté en maïs, avec force labour et moult pesticides. Remis en prairie depuis, le champ est similaire au mien, à la différence qu'il ne s'y trouve aucune taupe. Il n'y a donc aucune galerie, et le champ reste totalement engorgé jusqu'en mai. Le jonc s'y est installé. Donc les taupes amènent certes les « bêtes rousses », mais elles améliorent la qualité agronomique de la terre.

La Nature est ainsi : elle nous amène à la fois des avantages et des inconvénients. À nous de développer les techniques adéquates pour valoriser les avantages et minorer les inconvénients.

LES LIMACES

Sur mon terrain j'ai des petites limaces, longues de trois centimètres au maximum, et elles sont très nombreuses. En 2013, j'ai fait des semis et des plantations en pleine terre dès la mi-mars, de navets, de choux et de fèves. Hormis les fèves, tout ce qui levait était dévoré. Ce n'est que début juin que j'ai observé une baisse notable de l'activité des limaces. Cela coïncide avec la baisse des précipitations et la première période de fauchage. Le constat était donc facile à faire : *la prairie donne le rythme du jardin.* L'herbe pousse vigoureusement à partir de mars, ce qui est la date à partir de laquelle on commence à voir les limaces arpenter le terrain.

Plutôt que de semer, je plante donc navets et choux, en avril, dans une terre affinée et débarrassée de tout reste de paillage. Mais les pertes demeurent considérable (autour de 50 %). Je fais donc plus de semis, et je remplace au fur et à mesure les plants dévorés. Si le printemps est long et pluvieux, les pertes en choux sont supérieures. Ainsi en 2016, les limaces ont dévoré sans discontinuité les jeunes choux jusqu'à la mi-juillet ! Sur la centaine de prévus, seule une dizaine est arrivée à maturité en hiver. D'autant plus que la sécheresse s'est installée en août. Ces bestioles-là ne s'appellent pas ravageurs pour rien.

Je me suis résolu à récolter les limaces manuellement à l'aube et à la tombée de la nuit. Par jour et par mètre carré, en avril et mai j'en ramasse environ une vingtaine ! Il faut dire que les allées enherbées, les zones tampon et la prairie pullulent de limaces. Je me refuse à utiliser des granulés de feramol, pourtant autorisés en bio. Briques et planchettes placées entre les rangs, sous lesquelles sont censées se cacher les limaces en cours de journée, ne sont pas aussi « rentables » que la collecte au petit matin et au soir. Les légumineuses de printemps (petits pois et pois mange-tout) souffrent aussi des limaces : les pertes avoisinent les 50 %. Je le sème donc serré, à 30 graines au moins par mètre linéaire. Je fais aussi un semis en plaque afin de pouvoir remplacer les plants dévorés.

Dans la littérature, on peut lire que les carabes et les crapauds sont les prédateurs naturels des limaces. Cela n'est que théoriquement vrai. Concrètement, crapauds et carabes, sur mon terrain qui se réchauffe lentement, ne sont pas actifs avant la mi-juin. C'est-à-dire qu'ils ne mangent pas les limaces quand elles pullulent. Par la suite, c'est possible qu'ils les mangent. Mais alors elles ne pullulent plus. L'action des carabes et des limaces est in fine peut-être négligeable.

Les cultures les plus fragiles face aux limaces sont indubitablement les choux et les courgettes. Car je plante les premières courgettes dans la première quinzaine de mai. Pour ces cultures, je ne mets pas de paillage avant la mi-juin (pour les courgettes : cf. les cultures compagnes). Je sème les premières fèves (de plein champ) en mars/avril. Il me faut donc, là aussi, récolter matin et soir les limaces. Une pullulation réduirait à néant même un semis de fèves. Notez que les limaces ne sont pas difficiles : quand elles sont trop nombreuses, elles dévorent les feuilles de rhubarbe, d'artichauts et même de pommiers !

Je ne plante donc jamais de salade avant la fin-mai, sinon cela reviendrait à faire un élevage de limace.

Température du sol, pluviométrie, limaces : ce sont là trois aspects de la nature qui vont ensemble. Quand le printemps avance, que l'air se réchauffe, donc la terre, que les pluies se réduisent, les limaces reculent. La Nature forme un tout indissociable.

Un petit mot sur les escargots : s'ils sont présents, ils font d'énormes dégâts. Les courges, les courgettes et surtout les haricots sont entièrement dévorés et ne repartent pas. Prenez soin de ne pas laisser à proximité de ces cultures des grosses pierres ou des briques, qui sont des réserves d'humidité où les escargots partent se mettre à l'abri. Si les dégâts persistent, faites une sortie au milieu de la nuit, et vous trouverez les coupables ! En serre, les escargots boulottent les choux raves. Allez y faire un tour la nuit.

LES AUTRES RAVAGEURS

Terrestres

Mon jardin contient certainement d'autre ravageurs. J'ai expliqué le rôle des engrais verts et des allées enherbées pour gérer les taupins (les « vers fil de fer »). Parfois, au printemps et en serre, les vers gris (larve du cousin) font quelques dégâts : ils mangent les feuilles des plantules de navet. C'est rigolo : ils attrapent le bout des feuilles et les tirent en terre dans leur galerie. Il faut contrôler chaque jour ces cultures et déterrer les coupables !

En 2014, mes fèves furent à 75 % quarts piquées par un insecte, les rendant impropres à la consommation. Cet insecte a-t-il profité d'une semaine froide (12 °C) et pluvieuse fin juin pour piquer à travers les cosses ainsi ramollies ? C'est en tout cas le même insecte que nous j'ai identifié émergeant des graines de vesce. Cette vesce est partout dans ma prairie, ainsi cet insecte a dû apprécier les fèves, peut-être plus commodes pour se reproduire que les graines de vesce. Notons que 2014 fût par la suite une année sèche, et la vesce naturelle fût beaucoup moins exubérante que l'année précédente, pluvieuse.

Aériens

Papillons et chenilles

Mes crucifères sont bien sûr la proie des piérides. Jusqu'en 2017 je chassais les piérides au filet à papillon. J'en capturais jusqu'à une vingtaine par jour en plein été. J'écrasais également les œufs et les chenilles sur les feuilles. En 2018, j'ai opté pour du filet anti-insecte. Les mailles font 5 mm, elles empêchent les papillons d'accéder aux feuilles centrales des choux (idéales pour la ponte parce que plus tendres et fines, donc nourrissant mieux les chenilles). Cependant les piérides, et quelques autres espèces, parviennent tout de même à pondre en passant l'abdomen entre les mailles. Les dégâts sont minimes ; un contrôle visuel hebdomadaire suffit pour repérer et écraser (à travers le filet) les quelques chenilles qui sont parvenues à se développer.

Notez qu'une année ne fait pas l'autre. Les piérides furent peu nombreuses en 2018, alors qu'elles pullulaient en 2017. En 2017, le temps de sortir les plants des chambres à semis et de les amener aux planches prévues pour les recevoir, les piérides fusaient dessus et pondaient frénétiquement ! Cette année-là, même les radis, les navets et les rutabagas (semés en août) furent ravagés par la piéride. La piéride est véritablement un ravageur total : tant le papillon que ses chenilles n'ont aucun prédateur naturel.

Le papillon pond aussi sur les capucines, qui se font dévorer. Mais les chenilles disparaissent avant d'avoir détruit tout à fait la plante, et je ne sais pas encore pourquoi. J'ai noté que le papillon ne pond pas sur toutes les capucines, donc il n'est pas certain que cette plante soit un attracteur efficace à piéride (pour détourner la piéride des cultures). L'idéal serait qu'un prédateur naturel réinvestisse mon jardin. Mais lequel ? Mystère. Ni les guêpes ni les oiseaux ne mangent la piéride. Les frelons peut-être ?

Oiseaux

Eh oui, les oiseaux font des dégâts. Il est indispensable de protéger les petits fruits : mûres, cassis, groseilles et fraises. Sinon la perte est totale. Les merles dévorent absolument tout. Cette année 2018, j'ai dû également couvrir les ouvertures de ma serre de filet anti-oiseau. Les merles ont découvert les tomates et en ont détruit une dizaine. Elles n'étaient pas entièrement détruites, mais cinq-six coups de bec les rendaient invendables.

Parfois un merle parvient à rentrer sous les filets de protection. Je l'attrape et le tue : si je le laisse repartir, il reviendra parce qu'il a compris comment rentrer. Je n'ai pas de scrupule à faire de petites victimes à poil ou à plumes. C'est ça ou je « mets la clé sous la porte ». Les merles sont l'équivalent des campagnols pour les rongeurs : ils pullulent rapidement. J'essaie de respecter la Nature, mais l'agriculture n'est pas une activité qui s'inscrit dans l'ordre naturel. L'agriculture est forcément, à un bout ou à un autre, contre-nature. Nous devons *physiquement* délimiter un espace où nous avons le contrôle.

Acariens tisserands

En 2015 et 2016, dans ma serre entre les plants de tomates j'installais des pieds de phacélie. C'était idéal : leurs petits fruits étaient bons pour être récoltés quand la récolte des mûres se terminait. Hélas, depuis 2017 ils sont ravagés par les acariens tisserands. Ces acariens, visibles uniquement à la loupe, recouvrent intégralement les feuilles puis la plante toute entière. Ils en aspirent la sève et la plante meurt. En 2017, avant la phacélie j'ai fait des haricots. Et dans la serre j'ai essayé de faire de l'aubergine. Qui a amené les acariens : les haricots ou les aubergines ? À priori les haricots : en 2018 je n'ai pas mis d'aubergines et les phacélies ont tout de même été contaminées. En août il m'a fallu arracher ma vingtaine de pieds, chacun portant déjà une bonne centaine de petits fruits. Quel crève-cœur ! Les fruits, comme en 2017, n'allaient pas parvenir à la maturité.

La chaleur excessive des mois de mai et juin, en 2017, et de juillet en 2018, est peut-être aussi responsable de la pullulation des acariens. Les plants à proximité des extrémités de la serre, plus aérés donc, étaient les derniers à être contaminés. Et les quelques pieds de phacélie qui poussent çà et là en plein champ (amenés avec le compost) ne sont pas du tout contaminés. Mais les nuits fraîches d'août et de septembre les empêchent de parvenir à maturité.

17 DU RESPECT DE LA NATURE

LE TEMPS LONG DE LA NATURE

L'agroécologie est une agriculture qui se veut respectueuse de la Nature. Idéalement, c'est une agriculture pour laquelle nous ne devons tuer aucun être vivant, au contraire de l'agriculture conventionnelle qui repose sur l'utilisation des biocides. Nous devons favoriser la vie.

Je sais qu'on peut inventer des techniques pour concrétiser cet idéal toujours plus. Campagnols, merles et piérides sont au même niveau que nous dans la chaîne alimentaire. S'ils ont un libre accès aux cultures, alors ils vont les consommer à notre place. À ce niveau, c'est eux ou nous. Mais ne restons pas sur cette vision dualiste. Il faut essayer, en évitant de les tuer, de les empêcher d'atteindre physiquement les cultures. Casser les galeries et installer des filets de protection sont des techniques efficaces. Même si certains en critiquent l'usage, parce que les filets sont en matière synthétique (à base de pétrole) et ne se recyclent pas, et même si beaucoup de personnes réprouvent tout travail du sol.

J'invite ces personnes à planter des poireaux dans une terre qui n'est pas travaillée autrement que manuellement avec une binette : d'une part les poireaux ne pousseront pas bien, d'autre part ils se feront dévorer à la chaîne par les campagnols, s'ils sont présents dans le terrain. Ou que ces personnes fassent des choux sans filet de protection : après cinquante ans, peut-être, des prédateurs des piérides s'installeront. Il faut accepter de renoncer, pendant cinquante ans, à manger des choux...

Sur une période de quelques siècles, il est certainement possible de créer un jardin harmonieux, où ravageurs et prédateurs formeront des couples stables, inter-régulés, permettant au jardinier de n'avoir que des pertes faibles tout en n'utilisant pas de filet anti-oiseau et sans travailler le sol. Ou du moins les pertes seront prévisibles et acceptables. Mais cela outrepasse la durée d'une vie humaine ! Or c'est aujourd'hui qu'il faut manger. Certes, l'agriculture ne se déploie pas à l'échelle d'une vie humaine, car une année pour nous, ce n'est qu'une journée pour la terre. Si on veut une agriculture qui permette à un maximum de processus naturels de se dérouler, alors cette agriculture doit s'inscrire dans le temps long. Idéalement, *la vie d'un jardin agroécologique s'étale sur plusieurs siècles*. Il se transmet de génération en génération. Admettons qu'un jour les filets anti-oiseaux et le travail du sol ne seront plus nécessaires. Peut-être qu'à la fin de ma vie, ou avant de céder mon jardin parce que ce sera devenu trop laborieux pour moi d'y travailler, j'aurai une intuition. « Tel arbre éloigne tel espèce de volatile, telle plante éloigne tel rongeur, telle autre éloigne tel insecte... » et je transmettrai cette intuition à mon successeur.

Bref : si aujourd'hui je ne suis pas en mesure de réaliser le jardin agroécologique idéal, je dois garder présent à l'esprit que le jardin a vécu avant et vivra après moi. C'est ce jardin-là, qui s'inscrit dans les siècles, qu'il faut respecter. Même si aujourd'hui nous disposons d'un panel de techniques agricoles qui n'a jamais été aussi large depuis que l'humanité existe, il faut rester humble.

L'agroécologie d'aujourd'hui, même pratiquée par celles et ceux qui ont plus d'expérience que moi, n'est pas « aboutie ». *La génération actuelle d'agroécologistes ne fait que poser de nouvelles bases agricoles*. Aux générations suivantes de poursuivre les améliorations, les raffinements, les compréhensions. Nombreux sont ceux qui, comme moi, se lancent en agriculture sans avoir d'agriculteurs dans leur famille. Donc nous sommes nombreux à partir de rien. Tandis que l'agriculture conventionnelle d'aujourd'hui « profite » des progrès d'après-guerre, et l'après-guerre a profité des bonnes terres léguées par les générations précédentes... Mon souhait est que nous agroécologistes d'aujourd'hui puissions transmettre et nos terres et nos savoir-faire. *Créons une chaîne d'union agroécologique ! À travers l'espace et le temps !* Ne soyons pas égocentriques ; le jardin ne se résume pas à ce que nous en faisons durant les quelques années que nous le possédons.

Cette prise de conscience du temps long du jardin, cette prise de conscience que les savoirs se transmettent et évoluent, est une aide pour mieux respecter la nature – quand l'agriculture industrielle conventionnelle occulte passé et futur pour ne viser que des rendements importants ici et maintenant.

LA SENSIBILITÉ ENVERS LE VIVANT

Le respect de la Nature passe avant tout par la *sensibilité envers le vivant*. Cette sensibilité est ce qui permet de prendre conscience des effets d'une technique sur le sol et les plantes. C'est ce que j'appelle aussi le ressenti. Pour apprécier les résultats de certaines techniques, par exemple les engrais verts combinés, il faut une certaine sensibilité.

Le terme de « sensibilité » ne renvoie à rien d'intuitif ou de mystérieux. Précisément, être sensible au vivant, c'est percevoir :

- qu'une plante se porte bien ;
- qu'une graine germe bien ;
- qu'une plantule se développe convenablement ;
- que la terre est convenablement riche en humus et que sa teneur en eau est correcte ;
- que le terreau est adapté à l'espèce (pour les courges et tomates j'y adjoins un peu de compost) et que son taux d'humidité est correct ;
- que la température du terreau est correcte ;
- qu'un fruit est à maturité ;
- que la culture est en phase de croissance ;

et que
- une plante ne se porte pas bien, soit pour des raisons ponctuelles (après-midi très chaud ou très froid, fortes pluies, ravageurs…) soit pour des raisons continues (sol pauvre, tassé, mal décompacté, variété inadaptée, semée à la mauvaise date…) ;
- une plante entame sa phase naturelle de déclin ;
- une plante va péricliter si rien n'est fait ;
- une plantule ne va pas devenir un beau plant ;
- un plant mis en terre tarde à développer ses racines ;
- un fruit doit être cueilli maintenant dernier délai avant qu'il ne perde en qualité ;
- la terre s'appauvrit (elle devient trop légère, trop grise, elle perd en cohésion et en souplesse) ;
- la terre est trop tassée et pas assez aérée ;
- la pression des ravageurs est supportable, ou non…

La liste n'est pas exhaustive. Cette sensibilité augmente plus on passe de mois et d'années au jardin, à force de regarder jour après jours la terre et les cultures évoluer au fil des saisons et sous l'influence des variations météorologiques. Ne pas avoir l'esprit encombré de pensées et de soucis améliore la sensibilité. Et toutes ces sensibilités sont liées… On développe ces sensibilités ensemble.

La sensibilité a ses limites : par exemple il est très difficile d'estimer la vitalité des graines. Mais elle fait partie de notre humanité. Et c'est en acceptant et en utilisant notre humanité qu'on construit une agriculture durable. Même si notre humanité a des limites. On ne crée pas une agriculture durable en se fiant aux analyses chimiques des sols ou aux évaluations des cultures par satellite, comme dans l'agriculture de précision. Ces techniques-là sont commodes pour ceux qui les vendent ! Notre humanité doit être au centre de l'agriculture durable.

La sensibilité envers la nature est un élément indispensable : comme expliqué, elle s'inscrit dans le choix des techniques. Selon votre degré de sensibilité vous pourrez plus ou moins percevoir les effets de certaines techniques. Selon votre degré de sensibilité certaines techniques vous apparaîtront envisageables, testables. Et selon votre degré de sensibilité il vous semblera que d'autres techniques doivent être abandonnées. *La sensibilité est votre premier outil. En même temps elle est aussi une récompense et un épanouissement.* Plus vous percevez d'éléments listés ci-avant, plus vous augmentez votre personne. Plus vous vous sentez exister. L'épanouissement humain est un objectif de l'agroécologie. Faire de l'agroécologie juste pour gagner de l'argent, parce que c'est un « créneau porteur », c'est nul comme attitude. Le monde de l'agriculture bio est envahi de telles personnes ; j'espère que ça n'arrivera pas en agroécologie. Quand on spécialise les taches de travail, tel que cela se fait dans l'agriculture industrielle et tel que cela se répand en agriculture biologique (afin de produire en masse du bio), on empêche l'agriculteur ou l'employé agricole d'élargir sa sensibilité. Parce qu'il n'est confronté qu'à un seul aspect de la culture : uniquement récolter, uniquement planter, uniquement laver, uniquement transporter, uniquement tuteurer, uniquement tailler, uniquement planifier... Sensibilité non stimulée donc pas de créativité technique ! Donc grosses difficultés pour s'adapter aux évolutions du climat. Au changement des attentes de la clientèle. Seul dans votre jardin, confronté à tous les aspects du sol et des plantes, vous développerez une sensibilité maximale, qui vous conférera une créativité technique plus importante et plus rapide que le monde de l'agro-industrie.

Vous aurez compris que la sensibilité n'est pas un « truc » de femmes ou de hippie ! Une bonne sensibilité vaut mieux que dix tracteurs avec des charrues à dix socs !

18 LES « MAUVAISES HERBES » ET L'AVENIR

LES INOFFENSIVES

Grande oseille des champs et petite oseille des champs

Quand j'ai commencé à semer les premiers engrais verts, je ne voyais que ces plantes du genre *Rhumex* : deux mauvaises herbes à la renommée aussi tenace que leurs racines ! Elles étaient véritablement partout dans le jardin. Durant les deux premières années, après avoir enlevé les bâches au printemps, je passais de nombreuses heures à les extirper à la pioche, et j'en remplissais des brouettes entières. Là où les engrais verts ne levaient pas bien, elles continuaient à foisonner.

Heureusement, petit à petit, elles sont devenues moins nombreuses. Surtout, le paillage maintenant la terre relativement humide même en plein été, je parvenais de plus en plus à les arracher à la main ! Essayez d'arracher une grande oseille dans une prairie : vous n'en aurez que les feuilles. Mais grâce aux engrais verts et au paillage, j'ai réussi à enlever à la main des racines de *Rhumex* qui faisaient 20 centimètres de longueur. Trois années après le début du jardin, ces « mauvaises herbes » ne me causaient plus aucun souci.

Fin juin, les tiges de la grande oseille dépassent des zones-tampon. Elles portent les graines en formation. Je les arrache d'un coup sec, une à une et elles finissent au compost. Voilà qui évite la prolifération et maintient l'aspect uniforme des zones-tampon.

Chiendent

Le chiendent est aussi une mauvaise herbe renommée. Tout bon jardinier débutant se doit d'en avoir peur. C'est presque comme un rite de passage ! La vérité, à mon sens, est toute autre : les engrais verts pour rendre la terre cultivable et le paillage permettent rapidement d'en venir à bout, comme pour les grande et petite oseilles des champs. Après deux années d'engrais vert, le chiendent a disparu.

Ortie

Quand on est enfant, on a peur des orties. Mais une fois adulte, plus besoin de les craindre ! Il est vrai qu'elles se développent bien quand la terre est paillée : les racines adorent le paillage qui conserve l'humidité du sol. Mais, comme les *Rhumex*, elles se laissent facilement arracher. Au pire, en enlevant la bâche noire à la mi-mai, avant de passer la grelinette vous les retirerez facilement à l'aide d'une griffe ou d'un râteau.

Plus gênantes sont les orties qui s'installent dans les zone-tampon. Elles vont jusqu'à former des fourrés, qui caressent les jambes… N'arrachez pas ces orties avant juillet. Attendez qu'elles soient grandes : ainsi vous pourrez les arracher jusqu'au sol et aux premières racines. Elles ne repousseront pas de l'année, la zone-tampon étant fauchée en septembre. Les orties arrachées finissent au compost, bien sûr.

LES ENVAHISSANTES

La renoncule rampante

Cette mauvaise herbe était, comme toutes les autres, présente initialement dans la prairie. Elle fait de jolies petites fleurs jaunes. C'est une plante de prairie, qui devient envahissante quand elle n'est plus dans une prairie ! Elle se développe rapidement sur le pourtour des planches et au pied des petits fruitiers, et de là elle commence à recouvrir l'herbe des allées, puis à la supplanter. Parce qu'elle supporte mieux le piétinement que l'herbe et qu'elle est plus vigoureuse en mars-avril.

Pour conserver l'herbe, jusqu'à présent je n'ai rien trouvé d'autre comme technique que de déraciner péniblement la renoncule à l'aide d'un couteau, durant les mois de février et mars. Ces mois-ci sont adéquats, car quand la terre devient sèche et dure, il est tout à fait impossible de l'extirper.

À moyen terme, d'ici cinq ans, il est vraisemblable que la renoncule aura pris le dessus sur l'herbe. D'autant plus que les épisodes de canicule reviennent chaque année, qui affaiblissent l'herbe. Cela ne me réjouit pas : les allées enherbées confèrent une réelle beauté au jardin. Dans cinq-six ans, je suppose qu'il me faudra donc mettre mes allées à nu, en y grattant la terre à la binette et en les compactant, comme cela se fait dans les jardins traditionnels et dans le maraîchage conventionnel. Les grandes allées, plus larges et moins piétinées, permettront peut-être à l'herbe de se maintenir. Bien sûr, il est impossible de garder les petites allées recouvertes uniquement de renoncule : celle-ci va en permanence coloniser les planches de culture, les envahissant sans relâche, car le paillage ne gêne pas du tout la renoncule. Si les petites allées deviennent une culture de renoncule, une alternative au sarclage sera de les passer au motoculteur pour y semer du ray-grass. Il me reste à espérer que les étés futurs redeviendront des étés humides, caractéristiques du climat normand.

Le liseron

Initialement, le liseron n'était présent que dans la terre au-dessus de l'ancien fossé. Cette terre est un mélange d'argile pure et de cailloux, ramenée pour combler le fossé au fond duquel se trouve maintenant une buse.

Les deux derniers mètres des planches de culture se terminent dans cette « terre » très argileuse, que je suis tout même parvenu à rendre cultivable. Mais à partir de ces deux mètres, les racines de liseron se sont répandues dans la totalité des planches.

Le liseron tend à tout recouvrir : haricots nains, haricots grimpants, artichauts, choux, courgettes, fraisiers. Chaque année, il y en a de plus en plus. En début de culture, j'essaie d'enlever çà et là les tiges de liseron qui sortent de terre. À la mi-juillet, je les arrache par gros paquets, en essayant de ne pas trop endommager les cultures. En août, aux racines envahissantes qui fusent dans la terre et sous le paillage, aux tiges qui fusent sur le paillage, s'ajoutent les fleurs et les graines qui se forment. Le liseron se mélange inextricablement aux haricots grimpants.

Lors du passage de la grelinette et du motoculteur, au printemps et en automne, j'en profite pour enlever autant de racines que possible. Mais cela ne semble pas stopper la prolifération.

Le non-travail du sol et le paillage font proliférer le liseron, comme me l'a montré la planche à courges. Je n'ai pas travaillé le sol de cette planche pendant trois ans : elle fut paillée à chaque printemps et à chaque hiver. À la quatrième année, avant d'y implanter des pommes de terre, j'ai travaillé le sol et j'ai sorti 4 brouettes de racines de liseron pour 20 m^2 ! Cette planche était devenue une culture de liseron.

À moyen-terme, le liseron pourrait devenir envahissant au point de rendre les cultures impossibles. C'est une éventualité. Mais le liseron semble apprécier avant tout la terre compactée. La terre compactée garde une certaine humidité, et les racines du liseron se développent entre les mottes et dans les galeries de vers de terre. Un affinement correct et répété de la terre, au motoculteur, pourrait donc gêner le développement du liseron. L'avenir me le dira.

Le lierre terrestre

Les planches et les allées à proximité d'un chêne tendent à être envahies de lierre terrestre. Le lierre terrestre se plaît à proximité du chêne, et il supporte mieux la sécheresse que l'herbe des allées. Il a un fort pouvoir de colonisation : chaque année il recouvre entièrement le paillage d'une planche de culture. En automne quand je retire le paillage pour semer un engrais vert, le lierre s'enlève facilement. Mais dans les allées il s'est bien installé, comme la renoncule. Les tontes régulières ne le gênent pas. Il semble moins gênant pour les cultures que la renoncule, mais à long terme il pourrait peut-être poser problème.

L'AVENIR DU JARDIN EN QUESTION

La peur ontologique des mauvaises herbes

Pour l'instant je n'ai pas de solution pour éviter que le jardin ne se transforme en un champ de liseron et de renoncule. Je n'ai que l'espoir, l'espoir que ces envahissantes se maintiendront dans des proportions acceptables grâce à l'occupation du sol maximale par les combinaisons culture-engrais vert et grâce à un juste travail du sol. Mais je vois certaines haies autour du jardin et dans les jardins à proximité se faire recouvrir entièrement de liseron. Ceci ne laisse rien augurer de bon.

Ai-je peur d'être envahi ? Un peu, je l'admets. Mais j'ai aussi conscience que notre société nous habitue à la peur. Elle nous habitue à avoir *toujours peur de quelque chose*, quoi que ce soit. D'où les assurances, pour tout et n'importe quoi. Récemment a même été légalisée une assurance pour les agriculteurs pour compenser les pertes dues au … changement climatique ![17]

---

17 Notre société marchande est responsable du changement climatique et elle invente une assurance qui permet d'aider les agriculteurs en cas de pertes dues au changement climatique. Quelle hypocrisie ! Quelle débilité ! Quelle démagogie ! Les élus qui ont approuvé l'instauration d'une telle assurance devraient être abattus sans sommation. Ce sont certainement les mêmes qui approuvent l'étalement urbain et l'augmentation de la taille des supermarchés. Ces élus ont tout intérêt au changement climatique, car le changement climatique, causé par nos modes de vie, nous fait culpabiliser. Et pour amoindrir ce sentiment de

La peur ontologique de notre société, c'est-à-dire l'angoisse existentielle que connaît la majorité des citoyens, démarre là : face aux mauvaises herbes envahissantes. Les mauvaises herbes envahissent les cultures, il n'y a plus de récolte, c'est la famine. De cette peur ontologique de la nature envahissante découle toute l'énergie mécanique et chimique de l'agriculture conventionnelle : labour profond, pesticides, élevages hors-sol, hybrides, OGM, hormones de croissance, etc). Toutes ces techniques sont censées nous soulager de notre peur de la nature. Cette peur, comme la peur de la pauvreté, entretient la société de consommation. Nous avons peur, donc nous construisons des machines, donc il faut industrialiser pour rentabiliser les machines (concentration des activités et spécialisation des tâches), donc il faut consommer. Plus on consomme, plus les machines tournent, moins on a peur.

Les agrochimistes, aidés de « commerciaux » et de « communicants », ont inventé une expression qui va encore plus loin. Cette expression transforme la peur de la nature en *soin* de la nature. Des mauvaises herbes se répandent dans un champ ? Vite monsieur l'agriculteur, épandez un pesticide pour *traiter* le champ ! Le champ est malade des mauvaises herbes, il faut le *soigner* avec le pesticide. Et voilà d'un coup de baguette magique la peur de la nature transformée en amour de la nature. Et la majorité de nos concitoyens, en 2018 encore, demeure convaincue par cette rhétorique[18].

L'agroécologie et les autres agricultures biologiques alternatives peuvent-elles résister aux mauvaises herbes envahissantes sans recourir à la force mécanique ni à la force chimique (herbicides) ? Si elles le peuvent, alors elles sont une alternative crédible à l'agriculture conventionnelle. Et une alternative forte, car elles nous débarrasseront de notre peur ontologique des plantes envahissantes. Débarrassés de cette peur, ce n'est rien moins qu'une nouvelle société qui prendra forme. Une société écologiquement responsable, qui n'autojustifiera plus la consommation de masse. Tout est lié ; aujourd'hui la peur guide le présent qui empêche l'avenir.

De même que la Nature donne les fruits du jardin d'abord aux animaux ravageurs, à moins que le jardinier n'intervienne, la Nature donne la terre du jardin d'abord aux « mauvaises herbes ». C'est un fait : la terre de mon jardin est remplie bien mieux et bien plus vite par les racines des mauvaises herbes, et en particulier celles du liseron et de la renoncule, que par les racines des cultures. Ces plantes sauvages sont plus prolifiques et plus rapides, tant dans la terre qu'en surface. Il faut donc comprendre que faire face aux plantes envahissantes est une situation décisive pour l'humanité. *C'est là, à cet endroit-là et à ce moment-là, que se joue l'histoire de l'humanité, parce que c'est là que la Nature nous fixe notre limite.* Pouvons-nous cultiver, année après année, au même endroit, sans que la Nature via les mauvaises herbes envahissantes ne reprenne ses droits ?

Trois voies s'offrent à nous

Je crois que nous avons, pour l'instant, trois réponses possibles à cette question des mauvaises herbes :

I. Pour anéantir les mauvaises herbes envahissantes, anéantir la nature : labour profond et herbicides.

---

culpabilité, nous sommes prêts à tout – car c'est plus facile de soulager de ce sentiment que d'en supprimer la cause. Et voilà un nouveau cercle vicieux installé, qui retardera encore l'avènement d'une société écologiquement responsable…

18 De même que la majorité de nos concitoyens croit que la digestion est un processus qui détruit les substances toxiques ou, si ce n'est pas possible, les sépare des substances saines et les évacue par les selles. Croyance qui légitime la pratique de la malbouffe et la consommation d'aliments additionnés d'édulcorants, d'épaississants, d'exhausteurs de goûts, de texturants… tous produits chimiques qui n'ont pas leur place dans le corps, et qui ne sont pas évacués par les selles. La consommation de métaux lourd a permis de démontrer sans équivoque que les substances toxiques ne sont pas naturellement évacuées par les selles, mais qu'elles s'accumulent dans l'organisme.

II. Enlever manuellement les mauvaises herbes, à chaque saison, à chaque travail du sol : cela exige une main-d'œuvre et énergie abondante.

III. Maintenir les mauvaises herbes dans des proportions acceptables, grâce aux rotations et aux combinaisons culture-engrais verts.

Je crois que beaucoup de personnes pensent que la troisième réponse est la bonne. La première réponse n'est pas tenable : nous polluons notre environnement et nous nous intoxiquons nous-mêmes. La seconde voie n'est pas acceptable : elle implique de faire revenir à la campagne 80 % de la population, afin d'entretenir manuellement les cultures. La troisième réponse serait la bonne, parce qu'elle va vers un équilibre. La nature est par définition équilibrée, parce que les diverses espèces de plantes et d'animaux cohabitent, sans qu'aucune ne prenne le dessus et détruise toutes les autres. On peut imaginer que les envahissantes seront retenues dans des proportions acceptables par les autres plantes et qu'un équilibre va se mettre en place, au même titre qu'un équilibre entre les ravageurs et leurs prédateurs naturels est censé se mettre en place.

Le mythe moderne de l'équilibre

Or, ma formation de scientifique m'empêche de croire à cette notion d'équilibre. Donc je ne crois pas que cette troisième voie soit la plus prometteuse. En fait, l'équilibre naturel n'existe pas. Nous ne le voyons pas avec facilité, mais ce n'est pas l'équilibre qui régit la nature : c'est *l'évolution*. Les espaces sauvages, où l'Homme n'intervient pas, sont en perpétuelle évolution, tant chez les plantes que chez les animaux. Nous avons *l'impression* qu'un équilibre existe, car nous ne voyons la nature qu'à notre échelle de temps, qui est de l'ordre de l'année, voire de quelques décennies. Or plus on comprend les plantes, notamment comment elles communiquent entre elles, comment elles développent une certaine forme de mémoire et aussi d'intelligence[19], plus il est évident qu'elles évoluent plus vite que la seule évolution de leur génome par mutation/sélection.

Si on parle tant d'équilibre naturel, et si tant de gens croient que la Nature est régie par un principe d'équilibre, c'est simplement parce que c'est une notion qui est *partiellement* vraie tout en étant facilement médiatisable. La réalité est plus compliquée. L'équilibre n'est pas total. Et ce qui est compliqué ne peut pas être amené au grand public. Seules quelques personnes peuvent consacrer du temps et de l'énergie intellectuelle pour parvenir à cette compréhension que la Nature est en perpétuelle mouvement.

Le mythe du jardin naturel

Un jardin n'est pas une forme de nature. Même une prairie, une lande, un bois ne sont pas des écosystèmes naturels. Ils ont été façonnés par l'homme au cours des siècles. Un jardin est artificiel ; il prend sa forme dans le moule de nos idées et de nos désirs. Sans pâturage, les landes bretonnes et les prairies alpines si emblématiques disparaissent en quelques années. C'est évident pour un champ cultivé et pour un jardin potager. Même le très original Jorn de Precy a montré qu'un jardin n'est jamais la nature ; même un jardin avec une unique fonction esthétique ne peut pas être la nature. Dès que nous manifestons la volonté de planter ou de semer, la nature s'efface. Et les plantes envahissantes, dans ce contexte artificialisé, ne sont plus soumises à la pression des autres plantes sauvages. Elles ne sont soumises qu'à leurs seules limites, qui sont … aucunes ! Étant plus rapides et plus prolifiques que les autres plantes, elles peuvent donc saturer l'espace artificialisé. De la même façon que les ronces, inévitablement,

---

19 Voire à ce sujet les livres de Peter Wohlleben et de Francis Hallé.

saturent une friche ou un jardin abandonné. C'est inéluctable. Et une cinquantaine d'années plus tard, ces plantes envahissantes auront été remplacées par de la forêt. Dès que vous plantez, semez ou travaillez la terre, une mauvaise herbe envahissante va tôt ou tard proliférer à cet endroit.

Je ne crois pas qu'un jardin idéal, où les mauvaises herbes ne gêneraient pas trop les plantes cultivées et où les envahissantes ne le seraient pas, soit réalisable. L'agriculture nous apportera toujours de la peine, d'une façon ou d'une autre, à lutter contre les envahissantes. Même une autoroute, avec assez de temps, disparaît dans la nature. Donc j'ai renoncé à trouver « la paix de l'esprit » au jardin. Le jardin ne peut pas être un paradis pour toujours. Par contre le jardin enseigne l'ephexis[20]. L'ephexis permet de mieux ressentir ce qui se passe chaque année au jardin, dans les plantes, au niveau des feuilles, des fruits, des racines, sur la terre, dans la terre et de mieux comprendre ce qui se passe en nous. Ce que nous ressentons. À l'aide de tous ces ressentis, on peut imaginer comment faire évoluer les techniques culturales pour les adapter à *l'évolution* du jardin. Il faut une évolution permanente des techniques.

De l'impermanence de la nature à la créativité technique

Je vous ai livré ces réflexions sur les mauvaises herbes envahissantes, sur le mythe de l'équilibre naturel et sur le mythe du jardin naturel afin de vous dire ceci : *en agroécologie aucune technique n'est définitive*. Chaque année je vois ce qui pousse dans le jardin, ce qui gêne et ce qui ne gêne pas et, ayant l'esprit libre grâce à l'ephexis, j'observe mieux, je ressens mieux et me viennent mieux à l'esprit des idées pour l'année suivante. Plutôt que d'imaginer trouver le bonheur dans un jardin perpétuel et qui serait toujours identique, je préfère avoir confiance en moi, en ma capacité à ressentir le jardin et à réagir en adéquation avec son évolution.

Certes, je ne vois que l'année présente et celle à venir, et pas au-delà. Au-delà, rien n'est garanti. Tous les efforts de créativité technique que j'ai fait en 2016, par exemple, ne m'éviteront pas de faire à nouveau des efforts trois ou cinq années plus tard. Ce que j'ai appris des plantes et du sol en 2013 par exemple n'empêche pas que je me remette un peu en question en 2018. La co-naissance est continuelle, donc la créativité technique aussi. Il serait anti-humaniste de vouloir bloquer ce mouvement[21].

Donc la personne qui cherche des règles à appliquer, telles des recettes de cuisine, pour faire chaque année un chiffre d'affaires déterminé, cette personne est fondamentalement inapte à l'agroécologie. C'est-à-dire à l'agriculture durable. En agroécologie, chaque année me viennent à l'esprit de nouvelles techniques, suite à ce que l'observation et le ressenti de la nature m'enseignent. Chaque année je suis un homme nouveau. Même si l'issue finale de l'agroécologie, face à la peur ontologique de l'envahissement des cultures par les mauvaises herbes, est incertaine ; même si la fertilité durable de la terre est incertaine, comme je l'écrivais à la fin du chapitre 10 *Les conditions d'une fertilité durable*. Il est par contre sur et certain que l'agroécologie fait de nous de *vrais* humains, qui ressentent, qui pensent et qui font. Réfléchir, ressentir, agir.

Le succès de l'agroécologie ne réside pas dans telle ou telle technique : il réside dans le jardinier lui-même, qui ressent les plantes et la terre et qui a l'esprit libre pour chaque année avoir de nouveaux ressentis et faire de nouvelles observations, et pour imaginer de nouvelles techniques. En cette fin d'année 2018, je ne sais pas précisément quoi faire pour prévenir un envahissement par le liseron et la renon-

---

20 Cf. *Quand la nuit vient au jardin. Émotions déplaisantes et ephexis du jardinage agroécologique.*
21 Alors que si vous regardez un jardin à la française, avec ses petites haies bien taillées et sa pelouse rase, vous constaterez que son apparence est toujours la même. Le jardinier s'évertue à gommer les différences entre les saisons. Il semble s'évertuer à transformer le végétal en minéral. Pour ce faire il achète moult machines... business business !

cule. Sur ce sujet mon intelligence est pour ainsi dire limitée. Mais 2019 ou 2020 peuvent m'apporter la solution, si je garde mon esprit libre pour la voir[22].

19 LE MATÉRIEL DE CULTURE

Je n'utilise aucun matériel qui soit spécifiquement agroécologique, aussi n'irai-je pas dans le détail de l'utilisation de chaque outil.

Pour couper l'herbe

Pour faucher la prairie, j'utilise une « vraie » faux, composée d'un manche dont la longueur convient à ma taille, dont la hauteur des deux poignées est réglable et qui permet de régler l'angle de la lame verticalement (tranchant de la lame plus ou moins proche du sol) et horizontalement (lame plus ou moins fermée). Avec cela il faut une pierre à aiguiser dont le grain et la dureté conviennent à la lame ; un porte-pierre, avec l'eau pour nettoyer la pierre ; une enclume pour battre la lame, et un marteau spécifique pour battre la lame.

J'utilise également une faux à main pour faire les bordures des planches, un fauchon pour débroussailler quelques endroits et une seconde faux plus lourde, dont la lame peut être battue, mais qui est plus épaisse et solide pour faucher les pentes et les talus des fossés.

Ma tondeuse est une simple tondeuse de 150 cm^3, 48 cm de largeur de coupe, hauteur de coupe réglée à 8 cm, avec fonction collecte de tonte ou mulching. Ce genre de tondeuse est peu bruyant et économe en essence en comparaison d'un mototracteur.

Pour préparer le sol

Grelinette pour décompacter la terre et motoculteur pour l'affiner. *N'utilisez pas de grelinette si vous n'avez pas d'outil adéquat pour affiner la terre ensuite !* Si votre sol est léger et sableux, la grelinette va à la fois décompacter et émietter le sol. Mais elle soulèvera des mottes compactes de 20 par 20 par 40 cm si votre sol est lourd et argileux. Dans une terre lourde, à défaut d'avoir un motoculteur pour casser ces mottes et affiner, il faut renoncer à utiliser la grelinette. Il faut décompacter la terre à la fourche-bêche, en avançant centimètre par centimètre, comme cela se fait dans les jardins traditionnels. Ou utiliser un cultivateur ou un croc (qui décompacte la terre sans la retourner).

---

[22] La limite d'intelligence est compensée par nos autres capacités humaines de ressentir et d'observer. Il faut avoir confiance en soi ; il faut simplement se donner les moyens de cette confiance, c'est-à-dire qu'il faut chaque jour observer et ressentir. Plus on observe, plus on devient un meilleur observateur. Plus on ressent, plus notre sensibilité, notre « empathie » avec la nature, les plantes et le sol, augmente. « C'est en forgeant qu'on devient forgeron. » Ces deux capacités d'observer et de ressentir s'affinent quand on les utilise : il faut avoir confiance en cela.
C'est pour cela que les dénominations de « technicien agricole » et « d'exécutant agricole » n'ont rien à faire en agroécologie. Un technicien agroécologiste, ça n'existe pas. En agroécologie il n'y a que des êtres humains complets ; il n'y a pas de bouts de personnes – un spécialiste du sol, un spécialiste du développement racinaire, un expert de la fructification – qui ne savent faire qu'une chose. Ces bouts de personnes n'ont de place que dans le système de production agrochimiste.

Pour semer

Semis traditionnel : je fais un sillon avec une binette, j'arrose le fond du sillon à l'arrosoir, je dépose les graines selon la quantité requise par mètre linéaire et je referme le sillon avec un râteau.

Semis à la volée : j'utilise un semoir fait maison, qui est simplement un pot à confiture dont j'ai percé le couvercle d'un nombre adéquat de trous. Le diamètre des trous est légèrement supérieur à celui des graines à semer. Après avoir affiné la terre, je pèse la quantité requise de graines pour la surface de ma planche et je les sème sur la terre. Puis je passe un léger coup de griffe pour enfouir les graines. Cette technique de semis nécessite de marcher à une allure constante, afin de répartir les graines de façon homogène. Puis le semis est arrosé et recouvert de paillage si besoin est.

Faire un semoir manuel :

Pour semer serré, les semoirs six rangs sont vantés par la littérature, mais leur prix est conséquent (de 500 à 1500 euros). Certes, ils permettent de faire des rangées espacées précisément au centimètre près. Mais pourquoi ne pas directement semer à la volée le nombre exact de graines ?

Pour fabriquer le semoir il vous faut : perceuse, mèches de différents diamètres, bocal en verre transparent avec couvercle en métal.

1. Déterminer le diamètre du trou pour une graine.
2. Percer le couvercle d'une dizaine de trous, faire des essais à l'intérieur au-dessus d'un drap.
3. Peser la quantité nécessaire de graines pour la surface à ensemencer. Pour la première fois, utiliser les indications du semencier, et les adapter par la suite si vous constatez que le semis est trop dense ou trop clair.
4. Aller sur le terrain, faire le lit de semence (affinage de la terre avec le motoculteur).
5. Répartir toutes les graines de façon homogène en un voire deux passages. Pour cela, il faut faire autant de trous que nécessaire dans le couvercle, mais pas trop ! La vitesse de marche doit être constante ainsi que le geste : aller d'un bord à l'autre de la planche, bocal vers le bas, en marchant à reculons. Cela n'est pas instinctif : il faut apprendre le geste. Même si cette façon de semer ne semble pas très rationnelle, j'ai obtenu de bonnes levées de phacélie, de moutarde et de sarrasin.

Avantages de ce semoir :

- Il permet de semer dans une terre mouillée – les semoirs de précisions ne le peuvent pas.
- Il n'est pas cher du tout.
- Il permet de semer même sous la pluie, il faut juste maintenir les graines sèches.
- Il est facile de faire autant de couvercles différemment percés que l'on a de graines de différentes tailles.
- Un même couvercle s'adapte sur des bocaux de taille différente.
- Le bocal étant transparent, on peut constater la tombée des graines et marcher plus ou moins vite si nécessaire.
- Donc ce semoir permet une grande *flexibilité* par rapport à la météo. C'est tout à fait important, c'est un avantage appréciable par rapport aux semoirs mécanisés et même au semoir de précision. *D'une façon générale, le jardinier agroécologiste doit être aussi peu tributaire de la météo que possible.*

Les inconvénients du semoir :

- Nécessite de s'habituer à marcher à vitesse régulière et à faire un geste régulier.
- Pour les grandes surfaces > 60 m², il faut veiller à exécuter un parcours bien régulier et bien pensé, pour ne pas sur- ou sous-semer.

Limites d'usage du semoir :

- Pas adapté pour les petites surfaces < 2 m² : quand il ne reste que 10 graines dans le bocal, elles ne sortent pas bien (il faut alors ouvrir le bocal). Il faut au moins 2 – 3 cuillères à soupe de graines. Sinon, il faut utiliser un semoir manuel à ouverture réglable du commerce (pour quelques euros).
- Inutile pour les grosses graines > 5 mm de diamètre : On peut les semer à la main.

Utiliser le semoir de précision :

Le semoir de précision Earthway ® requiert une terre bien affinée. Un printemps pluvieux peut empêcher de bien affiner la terre, surtout si elle est argileuse. Dans ce cas, je me contente de repousser sur les bords de planche, avec un râteau, les morceaux de terre dont le diamètre est resté supérieur à 2 cm. Passer une fois de trop le motoculteur va compacter la terre en boulettes plus ou moins grosses, qui rendront la levée difficile. Ces boulettes n'enroberont pas correctement les graines, les exposant trop à la dessication et aux limaces. C'est uniquement avec l'expérience qu'on parvient à estimer combien de fois il est possible de passer le motoculteur sans abîmer la terre. Les deux premières années, j'avais tendance à passer le motoculteur dans une terre de printemps encore trop humide.

Une fois la terre affinée, au printemps, vous pouvez semer en utilisant la profondeur de semis adéquat pour la graine (indiquée par le semencier). Mais en été, ou si le printemps est très sec (ce qui arrive ici en Normandie plus souvent qu'on ne pense), il faut tenir compte du fait que la couche superficielle de terre est desséchée. Il faut gratter la terre, avec la main, jusqu'à parvenir à l'humidité, et régler le semoir à cette profondeur. Ainsi au printemps 2018 j'ai semé des carottes à un pouce de profondeur, alors qu'on recommande en général un demi-centimètre. Le premier semis n'a pas levé, car une grosse pluie a tassé la terre. Je l'ai refait trois semaines plus tard, à la même profondeur, dans des conditions très sèches. Sans arroser. Le semis a bien levé !

Notez qu'il ne faut pas arroser les semis fait avec ce semoir, car sa roue arrière tasse la terre au-dessus des graines. Si vous l'utilisez, il faut compter uniquement sur la teneur en humidité du sol pour faire germer les graines. D'où l'importance de bien connaître sa terre.

Chambre et serre à semis :

En 2014, j'avais fait des chambres à semis à l'aide de palettes, de fenêtre de récupération et de voile de forçage. Le voile de forçage empêche raisonnablement les limaces de rentrer et il permet d'évacuer l'excès d'humidité. Mais quatre années plus tard, le bois est pourri. Il faut donc tout changer. Je réfléchis à installer une « serre » à semis qui conserve ce *principe agroécologique : faire lever les graines et faire grandir les plantules dans des conditions qui sont aussi proches que possible du plein champ.* Pour les plants destinés au plein champ, bien entendu. Les semis destinés à la serre, eux, doivent être placés aussi rapidement que possible dans la serre, où ils grandiront jusqu'au moment d'être plantés.

Quelle que soit sa taille, la chambre à semis agroécologique :

- Doit laisser passer le vent, pour que les plantules s'y habituent. Mais le vent doit être freiné.
- Doit éviter tout excès d'humidité, qui ferait pourrir les plantules (fonte des semis).

- Doit éviter toute surchauffe : le semis doit lever avec un rythme des températures aussi proche que possible du plein champ.
- Doit protéger les semis des limaces et des escargots.

Pour prendre la suite des chambres à semis – qui n'avaient quasiment rien coûtées – j'ai envisagé dans un premier temps d'installer une structure de serre, avec du filet brise-vent aux extrémités, et sur laquelle je pourrais mettre une bâche de serre et un filet d'ombrage. Des tables basses (environ 20 cm au-dessus du sol, sur des pieds entourés de glu à insecte), centrales, accueilleraient les plaques à semis. À partir d'août, les tables seraient enlevées et la terre en dessous pourrait accueillir des cultures d'hiver sous abri. Ce serait donc l'équivalent d'une serre froide en automne-hiver, mais qui serait moins chaude au printemps-été, quand les semis y prendront place. Dans un second temps, j'ai opté pour garder le principe des chambres à semis originels, en remplaçant les cadre en bois par des cornières métalliques et les fenêtres par des plaques translucides de polycarbonate. Le tout reposera non plus sur des palettes enrobées de bâche noire, mais sur des dalles de béton. Bref, j'opte pour du matériel mais qui aura une grande durée de vie.

Serre

Rien à dire de particulier, si ce n'est que les cultures en serre ne peuvent pas respecter « l'esprit » de l'agroécologie. L'arrosage, la température, l'ensoleillement et l'humidité de l'air sont artificielles ; les plantes poussent donc selon notre bon vouloir, ni plus ni moins.

Une fois les récoltes effectuées j'ai essayé plusieurs techniques pour nourrir la terre. La plus simple est d'incorporer beaucoup de tonte (dix brouettes pour 25 m^2), en passant le croc plusieurs fois. J'ai aussi fait, plus simplement, des engrais verts, après avoir enlevé le paillage et les restes de culture. En avril, je les fauche et les laisse sur place. Puis en juin je les recouvre de foin. Les tomates apprécient. Enfin, j'ai essayé une combinaison de ces deux techniques : j'ouvre un sillon, je le remplis de tonte, j'ouvre un autre sillon juste à côté, ce qui remonte la terre sur l'herbe. Je remplis le sillon d'herbe, j'ouvre un nouveau sillon dont la terre recouvre le précédent et ainsi de suite. Et dans la terre de surface, j'imprime un sillon avec un manche d'outil, j'y mets des graines d'engrais vert et je referme délicatement ce sillon, sans faire réapparaître l'herbe. Pour ces trois techniques, il est indispensable de continuer à arroser la terre, tout au long de l'hiver.

En cours de saison, je paille la terre. Ce paillage ne nourrit pas le sol, il ne sert qu'à l'ombrer ; il n'évite pas non plus que la température du sol augmente au-delà de 25 °C. C'est-à-dire que la terre de mes serres est moins vivante que la terre de plein champ. Je n'y trouve aucun ver de terre. Je ne peux pas arroser outre-mesure, sans quoi l'hygrométrie nocturne dépasse les 100 %, ce qui engendre une condensation considérable sur la bâche. Cette condensation retombe sous forme de gouttes abondantes ; ces gouttes tombent sur les feuilles des tomates et des salades, qui pourrissent facilement.

La culture en serre est totalement artificielle, mais elle est imposée par la clientèle qui exige des carottes primeurs, des tomates, des petits-pois primeurs, des fèves primeur, etc.

J'ai essayé de faire du melon sous serre, et je dois préciser que la pollinisation par les abeilles est très faible. En 2018, j'ai vu en tout et pour tout entre juin et septembre une seule et même abeille dans la serre ! Il y avait un bourdon, mais il me semble que son butinage n'entraîne pas de pollinisation. La disparition des abeilles est un fait, et les bourdons ne pourront pas les remplacer complètement…

Tunnel

J'équipe certaines planches de tunnels. Les arceaux sont faits avec du fer à béton de 8 mm, de 2,5 m de long, plié avec un gabarit et enfilé dans du tuyau d'arrosage premier prix. Par-dessus j'y déroule du filet anti-insecte, anti-oiseau, d'ombrage ou de la bâche de serre (en 2,5 m de large par 13 ou 16 m de long), selon les besoins. À chaque extrémité de la planche j'enfonce un pieu à la masse. Filet d'ombrage et bâche de serre sont équipés de deux planchettes à chaque bout et au centre : le filet ou le bâche sont pris entre les deux planchettes, qui sont fortement vissées ensemble. Un anneau métallique est vissé sur les planchettes ; j'y fais passer une corde que j'attache sous tension au pieu (avec le nœud du camionneur !) Le même système d'attache est réalisé au niveau du sol, de chaque côté de la bâche ou du filet d'ombrage. Ces montages me donnent satisfaction : ils sont faciles à ouvrir et à fermer et ils résistent bien au vent.

Pour les tunnels qui doivent rester en place durant l'hiver, ne commettez pas l'erreur de vouloir faire un tunnel aussi fermé au vent que possible ! Que vous mettiez des briques ou des sacs de sable sur la bâche, le vent arrivera toujours à passer dessous et soulèvera, arrachera plutôt, le tout avec violence. La force du vent appliqué sur une bâche de 2 m par 16 m est énorme ! Faites en sorte que le vent qui s'engouffre puisse ressortir ; ainsi vous n'aurez pas de casse et les cultures seront tout de même protégées du vent et du gel.

Filets anti-oiseaux

Sans filets anti-oiseaux, adieu les cassis et les groseilles ! À chaque extrémité de la ligne d'arbustes fruitiers, un gros piquet de 2,25 m est fiché en terre avec une jambe de force vers l'intérieur. Tous les 3 m des arceaux de fer à béton de 8 mm, de 3 m de longueur, sont fichés dans le sol. Aux extrémités les arceaux sont solidarisés avec le poteau. Au sommet et à 1,50 m de hauteur de chaque côté, de la corde est tendue, qui relie les arceaux entre eux et qui évite au filet de « s'écraser » sur lui-même. La construction ressemble alors un tunnel. Pour récolter il faut rentrer dedans, via une ouverture que l'on aura conçue à une extrémité, qui sera facile à ouvrir et à fermer grâce à des pinces à linge.

Avant d'être posés, les filets doivent être préparés. À chaque bord il faut passer une cordelette entre les mailles. Cela fait, montez le filet sur les arceaux et tendez-le via les cordelettes. Fixez une cordelette à un angle et tendez-la à l'autre extrémité avec le nœud du camionneur. Le filet doit suivre le sol au plus près pour que les oiseaux ne passent pas en dessous. Pour ce faire, utilisez les agrafes qui servent à fixer la bâche noire. Évidemment, il faut rentrer les filets en hiver ! Ils ont tout de même une prise au vent qui les font se déchirer aux extrémités. Aussi je ne les pose que lorsque les premiers fruits mûrissent et je les enlève dès la récolte terminée.

Tuteurs

Les petits-pois et les pois mange-tout, même nains, doivent être tuteurés. J'ai choisi d'investir dans des piquets métalliques robustes de 130 cm et du grillage à mouton de un mètre de hauteur. Pour les haricots grimpants, j'ai investi dans des piquets métalliques de 240 cm. Les piquets sont percés de place en place, afin de pouvoir visser un tasseau en bois pour tenir le grillage. Piquets, tasseaux et grillage sont onéreux, mais leur durée de vie est importante. C'est même du matériel, hormis les tasseaux en bois, qui peut être revendu sans perte de valeur.

Silo à terreau maison

Je fais moi-même environ 800 litres de terreau maison chaque année. Après la culture de courgettes, je prélève de la terre, que je tamise (maille de 1 cm). Dans un silo constitué de plaques de béton de 50 cm de hauteur par 2 m de longueur, j'en étale 10 cm d'épaisseur, que je recouvre de 5 cm de tonte fraîche. Puis 10 cm de terre, à nouveau 5 cm de tonte, et ainsi de suite.

Le silo à terreau en cours de réalisation

Petit chou deviendra grand

Une fois les dix brouettes de terre tamisées et mises en silo avec la tonte, je recouvre le tout de foin. Si l'hiver est trop pluvieux, je mets par-dessus une bâche étanche. Avant d'être utilisé, je transfère le terreau dans deux poubelles à l'intérieur de la jardinerie, juste à côté de la table à semis. C'est un réel plaisir de voir les nombreux vers de terre qui y vivent ! Je les enlève et je remplis les alvéoles des plaques, que je tasse avec un tampon de 3 ou 5 mm d'épaisseur selon la graine. Je mets les graines (à la pincette, une à une) et je recouvre de terreau tamisé une seconde fois (maille de 5 mm) jusqu'au haut des alvéoles. Ainsi la profondeur de la graine est partout la même et la levée est homogène.

Dans ce terreau, les mauvaises herbes sont peu nombreuses. Je les enlève avant de planter. Il est vrai que je ne fais pas plus d'une trentaine de plaques de semis par an ; si j'en faisais plus, le temps pour enlever les mauvaises herbes serait peut-être trop important. Mais l'avantage d'utiliser un terreau fait avec la terre du jardin est évident : c'est une sélection des plants. Avec un terreau normé, tous les plants vont lever et vous allez tout planter. Et c'est uniquement après une ou deux semaines que vous identifierez les plants qui ne sont pas adaptés à votre terre. Avec le terreau maison, cette sélection se fait dès la germination et au stade de plantule. Les plantules qui ne poussent pas bien ne seront pas plantés, tout simplement.

20 TECHNIQUES ET COMMERCE

Les techniques et le matériel que je vous ai présentés ont chacune une fonction, une limite d'usage, des avantages et des inconvénients. Par exemple, pêle-mêle, la facilité de récolte, le travail manuel important à un certain stade de culture, la protection du sol, le respect des saisons, l'indépendance vis-à-vis de la météo… Ces techniques, et l'ensemble qu'elles forment, ne sont que les miennes : elles peuvent ne pas vous convenir. D'une part parce que mon jardin a des caractéristiques qui lui sont propres. Et d'autre part parce que mon jardin est une *partie* de ma vie ; c'est-à-dire qu'il n'est pas toute ma vie. Durant les mois d'hiver, j'ai décidé de ne pas vivre des revenus des ventes, mais d'une autre activité, l'écriture. Si j'avais voulu vivre toute l'année durant grâce aux seuls revenus de mon activité agricole, j'aurais choisi de cultiver une bien plus grande surface, donc j'aurais utilisé d'autres techniques ! Selon que vous souhaitez produire des légumes toute l'année ou seulement quelques mois, selon que vous souhaitez produire beaucoup ou seulement pour nourrir une petite famille, ce qui est l'avantage d'une technique peut devenir un inconvénient. Et vice-versa.

Si vous ne souhaitez que cultiver 100 m^2 à usage familial, mes techniques vous sembleront trop compliquées. Si vous souhaitez créer une micro-ferme, à l'image de la ferme du Bec Hellouin en Haute-Normandie, ou du jardin de Jean-Martin Fortier au Canada, mes techniques n'auront pas un rendement assez élevé par heure de travail. Et si vous vouiez cultiver plusieurs dizaines d'hectares, mes techniques passeront pour des gadgets.

Tout d'abord, un rappel : les principes agroécologiques sont universels, mais les techniques, elles doivent toujours être adaptées aux caractéristiques du jardin. Vous avez là un premier niveau de réflexion. Le second niveau de réflexion est celui-ci : voulez-vous faire d'abord du commerce ou d'abord de la culture, ou essayer de combiner les deux ? Les « anciens », du temps d'avant la seconde guerre mondiale, cultivaient d'abord et vendaient ensuite. C'est-à-dire que de la surface de terre qu'ils possédaient, ils essayaient d'en tirer le maximum. Selon les années, selon la qualité du travail fourni, le chiffre d'affaires variait, et de façon importante. Après la seconde guerre mondiale, la façon de voir a été retournée : on a enseigné aux agriculteurs qu'ils doivent d'abord fixer un objectif de chiffre d'affaires et dimensionner leur exploitation en accord avec cet objectif. Fixer un objectif de chiffre d'affaires signifie déterminer quelle clientèle va acheter les produits, où vit celle clientèle, quels sont ses modes d'approvisionnement, quelles sont ses « aires de vision » dans lesquels il sera possible de mettre un message publicitaire à son attention, être visible parmi la concurrence, etc. Des réponses à ces questions découle la quantité à produire et les rythmes de récolte. Vouloir un chiffre d'affaires stable, et de l'ordre du SMIC, implique de se soumettre à ces questions commerciales. Donc quel est votre objectif ? Travailler avec la Nature ou se faire un salaire ? Mettre en valeur un terrain en le respectant au maximum ou avoir un statut social ?

Je veux être très clair là-dessus : notre société ne jure que par l'argent. Donc attention ! Ne répétez pas les erreurs de l'agriculture conventionnelle, dont cette première erreur, toute simple : subordonner les cultures au marché, au commerce, à l'argent. Pour les anciens, le commerce était secondaire. La culture, la terre, venaient en premier ! J'entends souvent les clients dire « Ah, des légumes d'antan ! » quand ils voient mes produits. En effet, non seulement mes légumes semblent sortir du temps d'avant, mais mes pensées sont aussi similaires à celles des anciens. J'ai dimensionné mon jardin en fonction de ce que je suis capable de cultiver sans grosse machine. Et je vends ce qui pousse, et les récoltes varient d'une année sur l'autre, donc le chiffre d'affaires. Si vous voulez un chiffre d'affaires régulier, mon organisation, mon jardin, mes techniques, rien ne vous conviendra. Et, plus simplement, si vous pensez en termes de chiffre d'affaires régulier, l'agroécologie ne vous conviendra pas.

L'agroécologie, c'est donner la priorité au sol, au sol qui doit être vivant, protégé et nourri, pour maintenir la fertilité, sans utiliser d'intrants. La priorité ne peut pas être donnée au commerce quand on veut être au plus proche de la Nature. Commerce et Nature sont opposés, sont incompatibles. Les revendeurs de fruits et légumes ne font que mettre un cageot sur un étal et attendre le client. C'est une activité sans honneur. Voyez le monde de la bio qui s'agrandit chaque année. Mais pour cent personnes qui veulent vendre des produits bio, il y en a une seule que veut en produire. C'est curieux, n'est-ce pas, tous ces gens qui disent aimer la Nature, à grand renfort de communication, mais qui ne veulent pas travailler avec elle ? Ouvrez les yeux : tous ces gens mentent ! Ils disent aimer la Nature pour la seule raison que c'est un argument de vente.

Que devez-vous retenir des techniques présentées ici, si elles ne cadrent pas avec vos objectifs ? Si vous estimez que vous devez compromettre les objectifs de l'agroécologie ? Si vous ne souhaitez pas mener une double vie comme moi ? Eh bien, vous devez retenir les efforts que j'ai dû faire pour concilier les impératifs de la Nature et les impératifs du commerce. Par exemple, je n'ai pas retenu la technique consistant à utiliser la renoncule rampante comme engrais vert car, bien qu'elle crée une terre de qualité maximale, elle me demande trop d'efforts physiques. Je voudrais bien pouvoir enfouir les engrais verts, mais sans motoculteur adapté il faut bêcher et les enfouir à la main. C'est trop difficile pour 600 m^2 ! J'ai donc placé le curseur à un certain niveau, pour chacune des cultures : quelle est la technique qui procure un rendement suffisant sans renier les principes agroécologiques ?

Vous, à quel niveau voulez-vous placer le curseur ? Près du pôle commerce ou près du pôle Nature ? Et si vous devez le placer très près du pôle « commerce », saurez-vous être honnête avec vos clients et leur dire, par exemple « oui je bâche le sol durant les cultures pour éviter de désherber, oui je fais pousser les salades sur un film plastique, oui je chauffe mes serres, oui je désherbe au décapeur thermique, oui j'utilise du terreau artificiel stérilisé, oui j'évalue mon sol avec des indicateurs chimiques, etc. » ? On peut mentir aux clients, c'est facile. Le mensonge par omission est d'une banalité. On peut leur faire croire qu'une salade qui pousse sur un sol couvert de plastique noir est une bonne salade, parce qu'ainsi vous obtenez un chiffre d'affaires régulier. Mais la Nature ne donne rien pour rien : soit vous aurez la quantité, soit vous aurez la qualité. Les salades, tomates, courgettes, courges, qui poussent sur une bâche plastique ne peuvent pas être aussi bonnes que celles qui poussent dans une terre paillée, où l'on a fait pousser un engrais vert combiné. Le commerce, notre société du fric, donne toujours raison à ceux qui désirent gagner le plus d'argent. Je souhaite donc l'introduction d'un curseur obligatoire pour tous les vendeurs de légumes, tout comme les produits électro-ménagers sont vendus obligatoirement avec leur niveau de consommation électrique. *Pour chaque fruit et légume il devra être indiqué sa « position » sur une échelle qui va de totalement artificiel (OGM, hydroponie, etc.) à totalement naturel (ce que je fais dans mon jardin par exemple). Il faut en finir avec les labels bio : tous les agriculteurs cotiseront à un seul et unique organisme (non lucratif) qui établirait la position des récoltes sur cette échelle <artificiel-naturel>. Seulement ainsi il ne sera plus possible de tricher sur la qualité des fruits et légumes.*

Je me permets une remarque sur les prix de vente. Vous pouvez opter pour l'agroécologie sans compromis, et vendre vos produits à des prix élevés, parce que la qualité sera élevée. Petites quantités, qualité élevée, bon chiffre d'affaires. Mais vous ne vendrez qu'aux riches. Si vous faites ça, cela revient à approuver l'agriculture industrielle, qui nourrit les pauvres avec des aliments de mauvaise qualité. Beaucoup de maraîchers bio sont partis dans cette voie ; pour moi c'est de l'hypocrisie. On ne peut pas affirmer qu'on fait du bio parce qu'on aime la terre, et réserver les récoltes aux classes sociales supérieures. C'est anti-humaniste. Donc c'est anti agriculture durable.

La voie agroécologique que j'ai choisie est celle-ci : petites quantités, qualité élevée, prix médians. Des bons produits accessibles à tous. Éthiquement, c'est la seule voie qui me convienne. Ainsi j'ai ma conscience tranquille.

On me dit souvent que mon jardin n'est possible que parce que je n'ai pas de famille à nourrir. Il est vrai que si j'avais une famille à nourrir, les frais de scolarisation des enfants et tous les frais qui vont avec les enfants, mon chiffre d'affaires serait insuffisant. Donc l'agroécologie, telle que je la pratique, ne serait pas « économiquement viable »[23]. Certes. On peut voir les choses ainsi. Mais j'aime les regarder les choses à l'envers, et la question devient alors : comment se fait-il que notre société ne permette pas que mon activité soit économiquement viable ? Les réponses à cette question sont multiples, et ce n'est pas le lieu pour les développer. Ici, il suffit de garder une seule question en tête (encore une question !) : est-ce l'agroécologie qui doit s'adapter à notre système monétaire, ou bien notre système monétaire qui doit s'adapter à l'agroécologie ? Le système monétaire est une invention de toutes pièces, pour ainsi dire. Il n'a rien, absolument rien, de concret. L'agroécologie, elle, a tout de concret. Une pièce de un euro ne vaut rien ; une graine de haricot vaut infiniment plus. Quand je pense à toutes les incompatibilités entre l'agriculture et l'argent, je ressens une grande conviction : la conviction que la terre ne ment pas. Quand j'écoute la terre, c'est la vérité que j'entends. Donner la priorité à l'agroécologie, c'est un premier pas vers une société sans argent. C'est pour moi une évidence.

Et puis, est-ce parce que vous avez des enfants que cela légitime de compromettre vos principes ? Allez-vous enseigner à vos enfants la « philosophie » du compromis, à savoir ne pas changer l'essentiel mais uniquement les détails ? À vous de choisir ; l'histoire montre que dans une population, il y a toujours 80 % d'attentistes, c'est-à-dire 80 % de gens qui ne prennent pas d'initiative et qui ne font que reproduire ce qui existe déjà. Il n'y a pas de mal à en être : c'est cette masse de gens qui confère à une population sa stabilité. Simplement, dans ce cas refrénez-vous de galvauder les termes de permaculture, d'agroécologie et d'agriculture naturelle. Soyez honnêtes. Merci.

21 FAIRE LES COMPTES

C'est bien beau l'agroécologie, mais ça coûte combien ? Est-c'est réservé aux « bobos » ? Mon « investissement » initial se monte à environ 8000 €. Sachant que j'ai acheté beaucoup de matériel neuf et de qualité (serre, tondeuse, motoculteur, petits outils), il est certainement possible de réduire les coûts par deux ou trois avec du matériel d'occasion. Ayant auparavant travaillé dans l'agrochimie – comme technicien en expérimentation animale pour les tests des pesticides avant mise sur le marché – j'ai dépensé de bon cœur mes économies dans ce matériel à dimension humaine et destiné à renverser l'idéologie agricole dominante.

Tous les ans, je dépense environ 400 € pour les semences. Tous les deux ans, législation oblige, je fais calibrer ma balance. Ce quart d'heure de travail, qui consiste à poser un poids étalon sur la balance et appuyer sur trois touches, est facturé 120 € par un technicien « agréé ». Qui est également vendeur de balances. Cette somme est juste un peu inférieure à la moyenne de mon chiffre d'affaires au marché

---

23 Expression moderne omniprésente, qui signifie que ce qui n'est pas économique ne devrait pas exister…

hebdomadaire de Carentan. Donc le fruit de six heures de récolte et cinq heures de vente disparaît en quinze minutes ! Je ne vous dis pas le fond de ma pensée, mais vous aurez compris.

Mon CA annuel tourne autour de 4000 €. Moins les semences, moins les frais de voiture… l'investissement initial est trop élevé par rapport au rendement constaté. Comme je ne veux pas vendre mes produits plus chers que les produits bio, bien qu'ils soient de meilleure qualité, mon bénéfice est mince. Je suis donc en partie un idéaliste, un « bobo », je l'admets ! Un « gentleman farmer » qui met une chemise pour aller vendre ses légumes au marché. Bien sûr, je me nourris de mon jardin tout au long de l'année et aussi des légumes d'un jardin collectif dont je m'occupe à côté. J'ai trois poules qui me font entre 10 et 24 œufs par semaine.

Que voulez-vous ? On ne peut pas à la fois avoir des idées et les transmettre, et gagner « un pognon de dingue ». Si vous voulez gagner de l'argent pour nourrir une famille, trois chats et deux chiens, ne vous posez pas la question de l'autonomie et orientez-vous vers l'agriculture biologique intensive comme au Jardin de la Grelinette de Jean-Martin Fortier ou à la Ferme du Bec Hellouin. Mieux encore : fabriquez et vendez des pesticides. Non seulement vous deviendrez riche, mais vous pourrez murmurer à l'oreille du législateur pour qu'il vous concocte de bonnes petites lois à votre avantage.

Il n'y a qu'une seule ligne, qui va de la Nature au pognon. Beaucoup de Nature, pas de pognon. Beaucoup de pognon, pas de Nature.

Certains me laissent aussi comprendre ceci : « J'ai des emprunts à rembourser. Il a bien fallu acheter le matériel. Avec tes méthodes je ne rentrerais pas assez d'argent ». Sauf que personne ne les a obligés à contracter des emprunts. Si vous partez dans une logique d'emprunts vous partez nécessairement dans une logique de chiffre d'affaires prévisionnel pour les rembourser. Donc dans une logique de soumission à l'argent. Hélas pour vous, une année ne fait pas l'autre, mais les banquiers (et la sécurité sociale agricole) ont décidé que leur récolte d'argent, elle, ne varierait pas d'un pouce ! Eux sont certains de ne pas perdre, mais vous si ! Rembourser un emprunt sur la base de bénéfices agricoles est toujours hasardeux : ça dépend de la météo. La logique de l'emprunt en agriculture, c'est parier sur les récoltes. Ça me semble évident, mais bien des agriculteurs se lancent dans cette logique. Ça ne peut que mal se terminer. La seule logique durable est de faire des économies : 200 € la première année, 500 la seconde, 400 la troisième, etc. Par exemple. Et quand vous avez économisé l'argent, vous achetez le matériel cash. Et vous n'avez pas employé un banquier dont le salaire est quatre fois le vôtre – au bas mot.

22 CONCLUSION

Arrivés à la fin de ce livre, vous avez peut-être le sentiment que l'agroécologie n'est pas une forme aboutie d'agriculture. Il y a encore tellement de questions ouvertes, tant techniques que dans l'articulation entre la technique et la société. En effet, car l'agroécologie suit la Nature, et la nature évolue sans cesse. L'idée d'aboutissement définitif ne fait pas de sens en agroécologie. En agroécologie on s'adapte et on est créatifs en permanence. Si j'imagine le futur, dans cinq ans je pense que mes techniques auront évolué au point de ne plus avoir besoin de paillage ni de bâche noire. Je pense que je comprendrai suffisamment les cultures d'hiver, tant au niveau foliaire que racinaire, afin d'obtenir une continuité des cultures d'octobre à mai (combinées ou non à des engrais verts). Sans bâche et sans paillage, ce sera une simplification de mon système, mais je pense que mon système sera devenu plus harmonieux.

Notez que l'agroécologie demeurera soumise, c'est une lapalissade, aux lois de l'économie. Ces lois sont imparfaites et créatrices d'injustices. La société, incohérente, impose, m'impose, des techniques bancales, afin de vendre des légumes non locaux et hors-saison. Il y a d'un côté les lois de la Nature et de l'autre celles de la Société. Le jardinier agroécologiste est une interface, une interface qui doit respecter les deux côtés. Je suis convaincu que l'agroécologie pourra déployer tout son potentiel le jour où l'argent n'existera plus. Les techniques se raffineront ; le jardin agroécologique ne sera plus une caisse de résonance cacophonique des chocs frontaux entre la Nature et la Société. Il deviendra un orchestre symphonique. Quand on applique avec enthousiasme et détermination les techniques agroécologiques expliquées dans ce livre, qu'on prend le temps d'en inventer, qu'on s'engage à ne pas compromettre les objectifs de l'agroécologie, c'est l'avènement d'une société sans argent qu'on prépare.

Il peut sembler difficile de mettre en pratique toutes ces techniques. Et la Nature se garde de nous donner entière satisfaction, parce que nous ne la comprenons jamais assez et parce que nous cherchons à réaliser *une certaine idée de la perfection qui n'a pas de sens pour la Nature*. Chaque année la Nature nous dévoile quelques nouveaux aspects d'elle-même ; à nous de les voir et d'alimenter notre imagination avec !

Mais les résultats sont-ils là ? Un jardin agroécologique produit-il en quantité raisonnable par heure de travail, et sa fertilité se maintient-elle d'une année sur l'autre ? On pourrait réduire ce livre, et tous mes autres livres, à cette seule question. Ne fermons pas les yeux sur ce phénomène, qui existe bel et bien : que *des éleveurs et des maraîchers bio arrêtent leurs activités après cinq ou six années*, en effet. Les syndicats et tous les acteurs de l'agrochimie s'en réjouissent, eux qui n'ont de cesse de répéter depuis les années 1970 que l'agriculture biologique (sous toutes ses formes) n'est pas durable. Est-ce que moi aussi je mettrai la clé sous la porte dans quelques années ? Je l'ignore. Du point de vue de la terre et des plantes, je constate que chaque année la qualité s'améliore. Engrais vert (combinés et après-culture), paillage et compostage ont des effets positifs. En agriculture conventionnelle, ce sont les lois économiques et sociales qui mettent à bas les entreprises agricoles. Plus encore que les pratiques qui ruinent les sols, les lois des hommes entravent l'avenir. L'agroécologiste doit s'astreindre à mettre aussi peu de doigts que possible dans les engrenages administratifs et commerciaux, car l'agroécologiste est tout petit et il se ferait broyer rapidement et sans bruit.

Un champ n'est pas une usine à ciel ouvert. C'est pourtant ainsi que le conçoivent les acteurs du monde agroindustriel, et cette conception a diffusé dans toute la société. Voyez les puissants tracteurs qui sillonnent la campagne : ils n'ont rien d'artisanal ! C'est là de l'industrie qui roule. Une campagne de moissonnage, c'est un process industriel. En agroécologie, vous aurez compris que la production n'est pas importante par unité de surface. Mais elle est quasi-inépuisable. C'est le mythe de la **corne d'abondance** : ce mythe est une réalité, mais la corne est petite, comprenez-le bien ! La volonté cupide de l'agroindustrie est de faire croire que la terre doit être telle une gigantesque corne d'abondance, déversant des flots de graines, de fruits et de légumes, sans jamais se vider. Comme une usine ! Cela n'est même pas un mythe : c'est une imposture[24].

Quelques mots sur l'aspect psychologique du jardinage agroécologique. Cet aspect n'est pas négligeable : l'agroécologie, comme toute forme d'agriculture, impose la solitude et la marginalisation sociale. Ceux qui veulent travailler la terre sont aujourd'hui toujours considérés comme des marginaux, parce que nous vivons dans une société qui n'accorde pas d'importance à l'agriculture. Ni à la nature. Cette indifférence peut expliquer les cessations d'activité. Je vois bien que même si moi je suis per-

---

24 Qui naquit avec la théorie économique de l'abondance (!) dans les années 1950-60. Notre société de 2018 est toujours régie par cette vieille théorie.

suadé que l'agroécologie a tout pour devenir une pierre de fondation de l'humanisme, il me suffit d'allumer la radio pour comprendre que la société ne veut pas de l'agroécologie. On se lance dans l'agroécologie pour changer le monde, et on constate que le monde ne change pas. C'est parfois démoralisant. On écoute à la radio les ministres clamer avec émotion qu'il faut protéger la Nature, et sur le terrain on voit les pelleteuses qui continuent à transformer les terres agricoles en parking ou en lotissement. Quelle hypocrisie…

Moi qui ai eut la chance de grandir dans des pays où la Nature était quasiment intacte, j'affirme ici que les Français de métropole ne savent pas ce qu'est la Nature. Le peuple français est dénaturalisé, quoi qu'il en dise. Dans le rapport à la Nature, *l'écart entre le peuple français de métropole et les peuples polynésiens et kanaks est énorme*. À moins d'un évènement qui décime 90 % de la population de métropole et permettent à la Nature de se redéployer durant plusieurs dizaines d'années, je ne pense pas que les métropolitains puissent être renaturalisés. Quelque chose a été définitivement perdu[25]. La Nature ne fait plus partie de l'identité française.

C'est un sentiment compliqué qu'on ressent quand on cultive en respectant la terre et les plantes : on acquiert la certitude que la terre et les plantes sont des milliers de fois plus durables que l'économie. La terre et les plantes sont les pierres premières : toute la société repose dessus, et non l'inverse. Les présidents passent, la terre et les plantes demeurent. Une seule graine de tomate faite par vous-même au jardin, qui l'année suivante donnera un nouveau plant de tomate, a plus de valeur que la banque centrale européenne. J'ai l'impression d'être un maillon d'une grande chaîne d'union, une chaîne humaine depuis les premiers agriculteurs, qui est aussi la grande chaîne de la Vie à l'échelle de notre planète. L'agriculteur prend sa place entre la terre et les étoiles… C'est très gratifiant. En même temps, on constate que chaque société industrialisée fait tout pour que l'agriculture ne soit pas respectée, préférant glorifier l'or et la brutalité technique. Préférant l'immédiateté… Coincé entre la Nature et la Société, je me sens petit et, souvent, insignifiant. Je ne peux changer ni la Société ni la Nature. Mon seul mérite est d'exister, afin de montrer qu'une troisième voie est possible, et que cela ne relève pas de l'idéologie mais se concrétise dans des techniques.

Le jardinage agroécologique consiste en une suite permanente d'enseignements de la Nature. Donc en une suite d'efforts de créativité technique. Les récompenses de ce labeur sont nombreuses. J'y ai consacré plusieurs livres : *Quand la nuit vient au jardin*, *L'agroécologie c'est super cool !* et *Le bonheur au jardin*. Le métier de jardinier agroécologiste permet de profiter du meilleur de la Nature et du meilleur de la Société ; j'espère vous avoir convaincu que c'est un métier noble.

Autant que je peux, par mes écrits, j'essaierai de défendre ce métier contre la mise sous tutelle administrative et contre la production de masse. Production qui entraîne la spécialisation des tâches, la séparation entre sachant et exécutant et soumet l'agriculture au schéma diffusionniste[26]. Chaque jardinier agroécologiste professionnel doit être pleinement conscient et responsable de tous les aspects de son métier. L'industrialisation implique la spécialisation des tâches, ce qui est en train de se produire en agriculture biologique. La spécialisation entraîne la déresponsabilisation, car elle prive d'une vision et d'une connaissance globale. Surtout, elle sépare la logique du ressenti et de l'émotion. Et voilà formé un terreau fertile pour toutes les mauvaises idées ! Il n'y a plus rien à attendre de l'agriculture biologique industrialisée. C'est un cul de sac pour la créativité technique.

---

25 Cf. mon *Nagesi*, texte *Protéger la Nature ça veut dire quoi ?*
26 Cf. cours théorique.

Voilà six ans que j'ai créé mon jardin. Ma motivation évolue, parfois purement écologique, parfois humaniste, parfois forte, parfois faible. Faire de l'agroécologie pour la seule raison de sauver la nature ne fait pas de sens : la Nature n'a pas besoin de nous pour exister. L'agroécologie s'inscrit dans une quête du sens de la vie. Je reviens souvent à ces mots de Fukuoka et de Rabhi : l'agriculture doit permettre l'épanouissement de l'être humain. C'est simple et compliqué à la fois…

Concluons avec ce proverbe maçonnique : Sagesse, Force et Beauté. Le plan (définition des planches, choix des techniques, organisation) doit être conçu avec sagesse. La mise en pratique nécessite de l'énergie, de l'entrain, de l'endurance, de la force. Et le résultat doit être beau dans son utilisation, harmonieux, pour pouvoir être apprécié pleinement :

À votre tour maintenant ! La terre et les plantes vous attendent.

23 ANNEXES

PROBLÈMES DE CULTURE ET VOIES DE L'INNOVATION

Une culture échoue : le semis lève puis végète, la récolte est maigre, est moche, les plantes meurent trop rapidement... Que faire ? Où trouver la solution ? Je distingue trois voies majeures pour innover :

1. On peut chercher la solution dans la *technique* : passer les graines au réfrigérateur pour lever la dormance, changer les apports de compost et de purin avant culture, changer la date et la profondeur des semis, rallonger la durée entre deux cultures (resemer au même endroit non après pas deux mais trois ou quatre années voire plus) utiliser d'autres plaques à semis, modifier la chambre à semis, changer la fréquence des arrosages, changer l'épaisseur du paillage, utiliser des outils qui ne vont pas blesser les plantes...
2. On peut chercher la solution dans la *biologie* de la plante : opter pour une variété mieux adaptée au sol et au climat, changer la méthode de taille pour respecter la forme naturelle de la plante, mieux satisfaire aux besoins de la plante en eau, température, ensoleillement, ventilation...
3. On peut chercher la solution dans la *Nature*, c'est-à-dire en considérant la biologie de la plante sauvage à partir de laquelle fût créée la plante domestiquée, ainsi que son écologie : plantes compagnes et plantes antagonistes, mycorhizes (phytosociologie), ravageurs et prédateurs naturels des ravageurs... On part donc à la recherche de connaissances scientifiques pointues.

La voie 1 est la plus évidente et la plus facile. La voie 2 nécessite de faire un tour dans les livres : c'est pour les courageux. La voie 3 nécessite d'avoir l'esprit très ouvert et d'avoir l'habitude de faire des recherches : c'est pour les marginaux, pour les docteurs en écologie et pour ceux qui n'ont rien à perdre.

Si les changements techniques n'apportent aucune amélioration, il faut entamer la voie 2. Si celle-ci est également infructueuse, si on le peut il faut entamer la voie 3. Et si même celle-ci est infructueuse, il reste... d'autres voies à tester. Ce sont des voies mineures, dérivées des trois voies majeures. Deux voies mineures dérivent de la voie 1, une de la voie 2, et quatre dérivent, de façon ésotérique, de la voie 3.

- 1v1 : Chercher dans la *tradition technique* : questionner les anciens sur le matériel et les techniques, ouvrir des livres d'histoire agricole, aller dans les musées agricoles, retrouver du vieux matériel...
- 2v1 : Aller voir *ailleurs* : glaner des conseils chez les voisins, contacter des associations d'autres départements, régions et pays. Ne pas hésiter à sortir de son domaine : aller se renseigner chez les horticulteurs, chez les arboriculteurs, chez les terrassiers...
- 1v2 : Chercher dans la *tradition biologique :* questionner les anciens et les livres sur les variétés d'antan, sur les caractéristiques du fumier d'antan...

Bien sûr, on prendra garde à bien identifier comme telles les techniques et les variétés qui nous feraient sortir de l'agriculture biologique. Quant aux voies ésotériques que voici, je n'ai confiance qu'en la première.

- 1v3. La voie 3 majeure est rationnelle : elle consiste à aborder la Nature de façon scientifique. Pour aborder la Nature, on peut aussi recourir à une méthode diamétralement opposée, à savoir : la *perception aconceptuelle.* Votre patience est enfin récompensée : c'est elle la cinquième et dernière étoile qui brille dans la nuit et aide à la traverser. Masanobu Fukuoka, fondateur de l'agriculture naturelle et de la permaculture, percevait la Nature de façon aconceptuelle. Qu'est-ce que la perception aconceptuelle, c'est-à-dire une perception sans recourir aux mots, au vocabulaire, aux concepts ? Il s'agit d'une *contemplation de style méditatif, qui fait prendre conscience, de façon originale et personnelle, de la relation Homme – Nature débarrassée de tous les préjugés, de tous les savoirs personnels et culturels.* Il y a prise de conscience de la place de l'Homme dans la Nature, ou de ce qu'est la Nature pour l'Homme, selon l'élément de la Nature que l'on contemple.

Cette prise de conscience est une expérience mystique et simple à la fois. De cette prise de conscience naît ensuite une compréhension conceptuelle de la Nature, avec des mots. On met en mots ce qu'on a « ressenti, perçu ». Avec ces mots on élabore une théorie sur le fonctionnement de cet aspect des relations Homme – Nature qu'on a perçu. À partir de là on peut imaginer une nouvelle technique agricole censée respecter à la fois l'Homme et la Nature. C'est donc un processus en quatre temps : contemplation / ressenti – prise de conscience – compréhension théorique – inspiration technique. Quel mal peut-il y avoir à contempler la Nature en mettant de côté tout ce que l'on sait sur elle, en essayant de la voir telle qu'elle est, sans les filtres et les biais culturels que l'on nous a inculqués dès notre enfance ? Je ne vois là aucun mal, aucune « bêtise » New-age. C'est une forme de recherche d'objectivité, comme l'est, avec d'autres moyens, la science. Notons bien que la science tend à exclure l'Homme du monde qu'elle observe ; Fukuoka au contraire reconnaît pleinement la relation Homme – Nature. Il perçoit à la fois l'Homme et la Nature.

- 2v3. Rudolf Steiner a créé une « science spirituelle » : une science qui a pour objet non les caractéristiques matérielles de la Nature (Nature comprise au sens des êtres vivants comme des atomes) mais les caractéristiques spirituelles de la Nature. Steiner pose que tout élément de la Nature possède deux facettes, une matérielle, une spirituelle. Les minéraux, les planètes, les plantes et les animaux ont des caractéristiques spirituelles qui font que leurs interrelations ne sont pas dues au hasard, tout comme les interrelations entre leur matière n'est pas due au hasard. Aux conditions matérielles s'ajoutent les conditions spirituelles. Pour cultiver dans le respect la Nature, il faut tenir compte à la fois des lois matérielles et des lois spirituelles. C'est la théorie dite « biodynamique ». Selon Steiner, la connaissance de cette science spirituelle aurait été léguée par les divinités créatrices aux premiers humains. Depuis, elle aurait été transmise de génération en génération par de « grands initiés »… Rudolf Steiner a fait un cours aux agriculteurs en 1923 (toujours réédité), dans lequel il présente les techniques agricoles prenant en compte cette science spirituelle. Chacun est libre d'y croire ou pas. Sachez qu'on y distingue un fond culturel ésotérique issu de l'astrologie et de l'alchimie. La biodynamie a le mérite d'exister, a le mérite d'avoir initié les pratiques de compostage. Avant d'y croire par conviction et pour prendre connaissance de tout ce qu'on reproche à la biodynamie, je vous recommande de lire Onfray[27].
- 3v3. Similairement, on pourrait se questionner sur l'importance de la science quantique pour les cultures. Ce sont là les théories psycho-physiques d'Emmanuel Ransford par exemple : atomes doués de volonté, qui peuvent communiquer à travers l'espace, « holomatière », la matière possède un libre arbitre au niveau quantique… On pourrait extrapoler de ces théories une conception « holomatérielle » de l'agriculture… Avis aux amateurs. Pour ma part, je ne me risque pas dans cette voie qui a tout d'une pseudo-science.
- 4v3. Ou encore, si toutes ces voies échouent, lancez-vous dans la géobiologie. Préparez votre pendule et partez à la recherche des lignes et des « nœuds » du réseau tellurique Hartmann et Curry qui délimitent des zones avec plus ou moins d'énergie vitale… Vous vous en doutiez, je n'y crois pas non plus.

Recadrons toutes ces considérations. La particularité de la voie 1 est d'être totalement anthropique : on ne considère que les techniques que l'on est en mesure d'appliquer. La voie 2 et la voie 3 sont totalement objectives, logiques, intellectuelles. Elles excluent la subjectivité : on considère la plante, cultivée et sauvage, comme un matériau scientifique. On cherche les lois naturelles, les faits. On cherche à comprendre la plante telle qu'elle est. Entre d'un côté l'être humain en action (voie 1) et de l'autre côté (voies 2 et 3) la compréhension objective de la Nature, s'insère la voie 1v3 de Masanobu Fukuoka : on considère la relation {Homme – Nature} dans ce qu'elle peut avoir de plus essentiel, de plus pur, débarrassée de tous préjugés. Cela afin de parvenir, en même temps, à des techniques culturales qui respectent la Nature et à une manière plus essentielle d'être humain. La voie de Fukuoka est simplement la voie de la *non-séparation*. Le jardinier n'est plus seulement un primate cultivant avec des outils de fer, c'est un être épanoui conscient de sa place et de sa fonction dans l'univers, qui s'épanouit en même temps qu'il fait s'épanouir la Nature.

---

27 *Le fumier spirituel* in *Cosmos*, Flammarion, 2015.

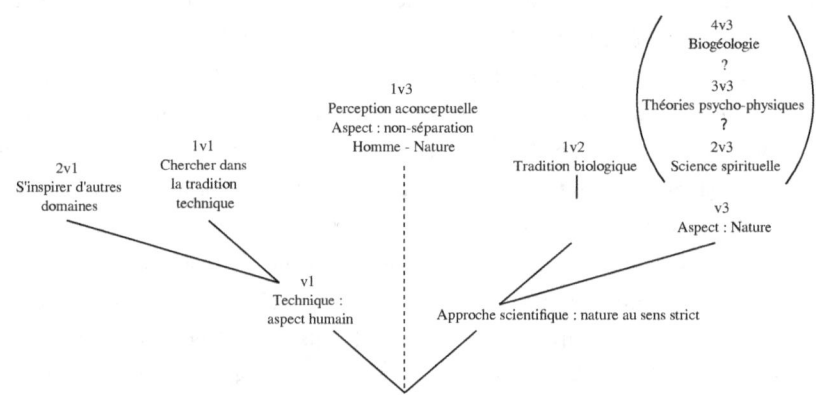

Organigramme des voies pour chercher une solution à un problème de culture

Comprendre de quoi il retourne dans cette voie n'est pas évident, surtout si l'on n'a jamais pratiqué la méditation. C'est une croyance, me direz-vous. Ça ne vaut pas mieux que la biodynamie. C'est une pratique occulte. Mais je suis convaincu que ce n'est pas le cas. En général, je ne crois en rien. Par exemple, je ne crois pas en dieu parce que je ne crois pas disposer des moyens pour prouver son existence. Mais je crois en cette forme de perception : je crois que c'est possible. Cette perception, et ce qu'elle permet, tend à ce que je consens appeler « symbiose avec la Nature ». Mais une symbiose facultative, non nécessaire pour la Nature, notez. Je continue à croire que la Nature n'a pas besoin de nous êtres humains. L'occulte implique le caché, l'indicible, l'inextricable, in fine le secret-qui-confère-un-pouvoir. Par cet ouvrage, je vous ai communiqué mon vécu, qui n'a donc rien d'occulte parce qu'il est justement formulable, explicable. Mon vécu peut à la rigueur être considéré comme ésotérique au sens de non évident. Il n'y a dans mon vécu, et donc dans l'agroécologie, rien qui ne soit caché : tout y est à explorer, à découvrir, à créer, à construire. Il n'y a dans l'agroécologie, et dans l'agriculture naturelle de Masanobu Fukuoka, nul trou noir occulte, tout s'explique. Au contraire des autres voies ésotériques : la science spirituelle, le libre-arbitre de la matière et le réseau d'énergie vitale sont des trous noirs occultes.

Fukuoka, avec sa formation de scientifique (en physiopathologie du riz), savait aussi faire la part des choses entre l'objectivité scientifique et l'objectivité de la perception méditative… Je sais que tout le monde n'est pas fait pour la méditation. Mais si vous m'avez lu jusqu'ici, vous pouvez comprendre les deux exemples de la voie de Fukuoka que je vais vous relater. Avant, sachez que quand on cultive en agroécologie, permaculture ou agriculture naturelle, il ne faut pas se fixer pour objectif d'atteindre de telles réalisations. Ce ne doit pas être une astreinte quotidienne : cela doit venir sans forcer. Il faut soit avoir beaucoup pratiqué la méditation auparavant, soit être dans une période de pratique régulière.

Je crois que par cette voie-là, plus que dans la voie scientifique et bien plus que dans la voie technique, on peut avoir accès à « l'Homme sans définition » et à la « Nature sans définition ». Quand les deux autres voies impliquent de poser des limites, donc des définitions, cette voie est toujours une porte ouverte sur l'infini. Si vous êtes agnostique, il serait dommage de refuser cette voie… Ces deux exemples peuvent au moins vous montrer le début de la voie. À vous ensuite de progresser si et comme vous voulez.

Premier exemple, lorsque Masanobu Fukuoka était sur son lit d'hôpital, souffrant d'une pneumonie. Il aperçut un jour par la fenêtre de sa chambre un héron. L'oiseau volait au-dessus d'une baie. Masanobu perçoit alors cette réalité de façon aconceptuelle, l'oiseau se mouvant dans le ciel, la mer en dessous de lui, la mer elle-même embrassée entre deux langues de terre, et il la comprend avec ces mots : « je ne sais rien ». De cette compréhension il décline le principe agricole qui sera central pour l'agriculture naturelle, la permaculture, l'agroécologie : *le principe du non-agir*. Laisser faire la Nature, profiter de ce qu'elle fait par elle-même, plutôt que de vouloir la contrôler sans cesse comme le fait l'agriculture conventionnelle (nous sommes dans les années 1970)[28].

Second exemple, Fukuoka nous dit :

> Si magnifiques et imposantes que soient les fleurs que les gens cultivent dans leur jardin, elles ne m'attirent pas. L'homme s'est égaré en essayant de comparer les fleurs obtenues par l'intelligence humaine avec les herbes sauvages. Les herbes qui poussent au bord des chemins ont une valeur et une signification en tant que telles. C'est là quelque chose que les fleurs cultivées ne peuvent violer, ni accaparer. Laissons les herbes sauvages être sauvages. Le trèfle appartient aux près. Le trèfle a de la valeur en tant que tel. La violette qui pousse le long d'un sentier de montagne ne fleurit pour personne en particulier, mais elle ne passe pas inaperçue et on ne l'oublie pas. Au moment même où on la voit, on sait. Si les gens ne changeaient pas, le monde ne changerait pas ; les méthodes de culture ne changeraient pas.
>
> J'ai de la chance d'avoir fait pousser du riz et de l'orge. À celui seul qui se tient là où l'orge pousse et écoute attentivement, il sera dit, pour son salut, ce qu'est l'homme[29].

Expliquons. Premier paragraphe : l'être humain ne peut pas « faire » de plantes qui seraient aussi belles que les plantes naturelles. Plus encore, les plantes cultivées ne sauraient « nourrir l'âme et le cœur » d'un être humain comme le peuvent les plantes sauvages. Pourquoi ? Car les plantes cultivées sont de facto soumises à l'Homme, pensées par lui, contrôlées par lui. D'elles ne peuvent venir ni surprise ni étonnement : nous avons tout prévu. Les plantes sauvages par contre, lorsqu'elles expriment quelque caractéristique que l'Homme peut remarquer, elles peuvent le surprendre. Et cette surprise, ou cette beauté, qu'elles « donnent » à l'Homme, est rien de moins qu'une partie de l'univers infini. Le message à comprendre est celui-ci : l'Homme s'échine à cultiver avec peine, alors que les plantes sauvages lui rappellent que l'Univers a quelque chose pour lui, *si* l'Homme apprend à le voir et à s'en suffire. D'où la question fondamentale – mais impertinente : quelle utilité pour l'agriculture ? ... Second paragraphe : les plantes cultivées nous rappellent leurs consœurs, les plantes sauvages. Dans toute plante cultivée il y a le souvenir de la liberté, de la vie sauvage. Voici la question qu'il faut tirer de ces écrits : qu'est l'Homme s'il ne comprend pas *qu'il doit exister dans les deux mondes à la fois*, le monde des plantes cultivées et le monde des plantes sauvages ? S'il perd même le souvenir du monde sauvage ? D'où le principe d'arpenter soi-même sa terre, d'être aussi sensible que possible à son jardin, principe de bon sens paysan mais principe tombé en désuétude depuis que les agriculteurs ne touchent plus la terre (assis dans un tracteur à deux mètres du sol) et se fient aux seules analyses chimiques pour « connaître » leur sol et leur récolte. Les agricultures biologiques alternatives, par définition, contiennent ce principe que *l'agriculteur doit connaître sa terre et ses plantes par ses cinq sens* – tandis qu'en conventionnel c'est l'analyse chimique qui indique si un sol est bon ou mort, si une récolte est comestible ou invendable. Quand une personne mange un légume ou un fruit qui provient d'une ABA, elle sait que le jardinier a jugé de la qualité de sa terre et de ses plantes par son être même, et non seulement par une analyse chimique. Les ABA ne peuvent pas renoncer à ce principe sans se renier elles-mêmes. Elles contiennent aussi le principe que *la Nature sauvage doit être immédiatement proche*. En permaculture, la Nature sauvage fait partie intégrante du jardin (une zone lui est réservée). En agroécologie (telle que je la pratique), zones tampon dans le jardin et haies tout autour la représentent.

Je vous ai relaté là des principes généraux. Dans ses livres, Fukuoka présente les mises en pratique correspondantes. Même si on ne peut pas refaire ces découvertes, il est intéressant de chercher à vivre soi-même de telles perceptions aconceptuelles. C'est marcher dans les pas du maître. Cela dit, moi je ne suis pas parvenu à de telles prises de conscience. Un jour, qui sait...

---

[28] Expérience relatée dans son livre phare *La révolution d'un seuil brin de paille*.
[29] In Masanobu FUKUOKA, *L'agriculture naturelle : théorie et pratique pour une philosophie verte*, Trédaniel, 1989.

LES PURINS DE PLANTES : DES EFFETS DÉMONTRÉS ?

Dès le début adepte des pulvérisations de purins d'ortie et de consoude pour améliorer la croissance des plantes, six années plus tard je ne les utilise quasiment plus. Voici ce que j'en pensais en 2015 :

—

Nombre d'ouvrages recommandent l'utilisation d'extraits fermentés (« purins »), de décoctions ou de tisanes de plantes, à diverses fins : conforter la croissance des cultures (purin d'ortie), repousser les ravageurs (purin de feuilles de rhubarbe), conforter le développement des fleurs et des fruits (purin de consoude), permettre aux plantes de cicatriser rapidement et réduire le développement des champignons et moisissures du feuillage (purin de prêle). On recommande de les utiliser en pulvérisation sur le feuillage et d'éviter d'arroser directement au pied de la plante avec. Pourquoi cette dernière préconisation ? Et les effets attendus sont-ils prouvés objectivement, grâce à l'utilisation de protocoles de test rigoureux et appropriés ?

Ces purins sont faciles à faire soi-même. Je les utilise en arrosage, dilués au 10° et toutes les deux semaines. S'ils ont vraiment un effet positif, pourquoi s'en priver ? Jusqu'à présent, je n'ai pas constaté d'effet négatif. Avant de vous présenter mon opinion, voici celle de Christophe GATINEAU, que Gilles DOMENECH a reprise sur son site www.jardinonssolvivant.fr, dans le contexte suivant :

> L'objectif ici n'est ni d'encenser ni de déconseiller le purin d'ortie, mais de lancer un débat pertinent sur des bases scientifiques aussi solides que possible. Je laisse la parole à Christophe, bonne lecture !
> Christophe GATINEAU :
> L'arrêté du 18 avril 2011 autorisant la mise sur le marché du purin d'ortie devait mettre un terme à la guerre de l'ortie qui durait depuis plusieurs années mais curieusement tous ont été insatisfaits, les pros et les anti.
> Conséquence d'une décision politique au détriment de toutes considérations scientifiques, cet arrêté autorise la tromperie du consommateur en légalisant le purin d'ortie comme un anti-mildiou et un acaricide, un mensonge dénoncé par les amis de l'ortie, dénoncé par les pros et les anti.
> Une fois encore, le consommateur est pris en otage et le purin d'ortie risque d'en payer la note dans un avenir proche.
> En effet, le problème n'est pas le jardinier qui fabrique et utilise son purin d'ortie, le problème est qu'en s'appuyant sur la Loi, on fasse croire aux consommateurs que le purin d'ortie possède certaines propriétés reconnues comme fausses et abusives.
> [...]
> État des lieux de la recherche.
> Si quelques essais de laboratoires ont mis en évidence certaines réponses du végétal soumis au purin d'ortie, tous les essais réalisés en plein champs ont été dans l'incapacité de les valider.
> Le GRAB (groupement de recherche en agriculture biologique) reconnaît avoir arrêté ses essais sur le purin d'ortie depuis 2004 faute de résultats. Depuis, ils ont recentré leurs travaux sur les décoctions et les tisanes d'orties. Même son de cloche du côté de l'ITAB où le responsable de la mission extraits naturelles confesse que les recherches sont concentrées uniquement sur les tisanes et les décoctions, car les résultats encouragent l'exploration de cette voie contrairement au purin d'ortie.
> Les bénéfices du purin d'ortie résultent aujourd'hui de quelques observations échafaudées en théories scientifiques comme celle de Terre vivante sur les vaccins végétaux !...

Mon opinion n'est pas fixée quant aux véritables effets des purins. Si l'on croit que les purins ont un effet, c'est parce qu'on croit en une théorie explicative de leur effet. Alors, quel cadre théorique peut-on imaginer dans lequel l'effet des purins serait prédictible ? Telle est la question qui doit, avant toute querelle de société, être posée. Je vois deux théories possibles :

1. Le purin contient des minéraux. Il agit donc comme un engrais, que ce soit par arrosage au pied ou en pulvérisation foliaire (la pulvérisation foliaire est une méthode utilisée en serres en production intensive), en amenant ces minéraux à la plante – la plante n'a pas a faire « l'effort » de les puiser elle-même.

2. Le purin contient des bactéries. C'est en fait un élevage de bactéries, par la fermentation aérobie de plantes coupées mises dans de l'eau (le purin est agité vigoureusement deux fois par jour durant environ deux semaines, afin de réintroduire de l'oxygène dans l'eau). Quand on arrose le sol avec, les bactéries en surnombre vont digérer l'humus présent dans le sol et le transformer en minéraux (elles minéralisent l'humus). Ou bien les bactéries meurent simplement et se décomposent en minéraux. Les minéraux vont alors être consommés par les plantes, qui vont grandir et être vigoureuses. D'ailleurs les préparations de bactéries EM (Effiziente Mikroorganismen) conçues par le Dr. Teruo HIGA de l'université d'Okinawa reposent sur cette théorie, et l'effet des EM est objectivement constaté : ces bactéries digèrent si bien la matière organique du sol qu'il ne faut rien y planter avant cinq semaines après aspersion du sol par la solution concentrée d'EM.

Voie à explorer : Les effets d'humification (transformation de la matière organique en humus) et de minéralisation (transformation de l'humus en minéraux) des purins sont à établir, même si actuellement les GRAB et ITAB les pensent inexistants…

Je pense qu'en fait, *c'est le choix de la pratique (pulvérisation ou arrosage du sol au pied des plantes) qui oblige ou non à utiliser un purin.* Il convient alors de bien choisir ce que l'on veut faire. Veut-on pulvériser ? Dans ce cas, il ne sert à rien de recouvrir la plante de bactéries, cela est même contre Nature. Ce n'est pas naturel de recouvrir une plante avec une solution de bactéries ; les plantes ne sont jamais recouvertes que par l'eau de pluie. On pulvérisera donc des infusions et des décoctions de plante, liquides dépourvus de bactéries. En effet, ces méthodes de préparation extraient des molécules des plantes. La solution à pulvériser ne contient donc pas de bactéries. Les molécules déposées sur les feuilles auront un effet soit en étant absorbée par la plante à travers l'épiderme, soit par leur simple présence sèche sur la feuille (l'eau qui sert de solvant s'évaporant), tel que par exemple la protection physique de l'épiderme ou l'effet répulsif envers des ravageurs. Pour rappel, l'action des pesticides repose sur ce principe : les molécules actives soient agissent en demeurant en tant que résidu sec sur la feuille, soit agissent en pénétrant dans le végétal jusqu'à la sève et ainsi circulant dans toutes ses parties.

Veut-on arroser au sol ? Dans ce cas, on arrose avec de l'extrait fermenté dilué au dixième. Ainsi on augmente les minéraux disponibles pour la plante (par minéralisation de l'humus et par la décomposition des bactéries).

Comme toute technique, l'utilisation de purin a des limites d'usage, mais à ce jour d'aujourd'hui de telles limites ne me sont pas connues. Pour ce qui est de l'arrosage, si ma théorie est correcte, trop de bactéries injectées dans le sol vont entraîner la digestion des racines des cultures. C'est ce que font les EM. Remarquons aussi que dans un compost en cours d'élaboration, se trouvent de très nombreuses bactéries (et champignons), et aucune plante ne pousse dans un tel milieu (il faut attendre 5-6 mois, c'est-à-dire que le compost soit « mûr » pour pouvoir planter dedans ou l'épandre). Et bien sûr, arroser des cultures avec des purins implique d'amener régulièrement de la matière organique comme couverture de sol (paillage de foin ou d'adventices, compost, copeaux, tonte, BRF…) afin de nourrir les bactéries. Sans un tel apport, l'arrosage de purin ne fait pas de sens, car il va épuiser le sol. Autre limites inconnues : quelle est la dilution optimale ? La minimale ? Avec quelle périodicité peut-on pulvériser ou arroser ?

Voie à explorer : Pour éviter d'apporter trop de bactéries dans le sol, il faudrait comparer purins et solutions d'EM dans leurs effets de minéralisation et d'humification de la matière organique, afin de déterminer la dilution minimale. De plus, le principe de complémentarité purin – couverture de sol devrait aussi être testé.

—

Pour faire des purins, il faut de l'eau. Depuis 2016, les pluies ne sont plus assez abondantes pour que je puisse faire régulièrement assez de purin. En 2017 je me suis contenté d'en faire 400 litres en automne, avec lequel j'ai arrosé tout le paillage de toutes les planches en novembre-décembre. En 2018, faute d'eau, je n'en ai pas fait du tout. Cela économise du temps de travail ! Aujourd'hui, je pense que les purins peuvent avoir des effets à la condition que toutes les autres conditions de croissance soient réunies : températures adéquates et stables, bon ensoleillement, pluies régulières. Si l'année est trop sèche, trop froide, trop chaude, les plantes sont privées d'un facteur essentiel de croissance et je ne crois pas que les purins puissent compenser ce manque.

MASANOBU FUKUOKA EXPLIQUÉ

Pour les lecteurs qui veulent savoir ce qui s'est passé au début. Je suis d'avis que trop de personnes se lancent en permaculture et en agroécologie sans en connaître les expériences fondatrices. Comme les livres de Fukuoka sont épais et denses, j'ai réalisé ce condensé de sa façon de voir la Nature et de créer de nouvelles techniques agricoles.

De l'importance des définitions

Masanobu Fukuoka, 1913-2008, était un scientifique de formation et fut physiopathologiste du riz avant de devenir agriculteur. Il est considéré comme l'un des fondateurs de la permaculture avec David Mollisson et Bill Holmgren. Sa pensée est également partie intégrante de l'agroécologie. Fukuoka a appelé sa façon de cultiver « l'agriculture sauvage ». En France, elle est appelée plus souvent connue sous le nom d'agriculture naturelle.

En cette année 2017, l'agroécologie, et surtout la permaculture, sont des termes qui se sont répandus dans le langage courant. Termes qui désignent des formes particulières d'agriculture biologique, que seule une poignée d'agriculteurs mettaient en pratique il y a seulement dix années de cela. Cette expansion très rapide dans le langage courant s'accompagne, hélas – nécessairement – de malentendus, d'erreurs, de détournement et de galvaudages de leur définition, parfois involontaires, parfois volontaires.

Ces galvaudages nuisent à la permaculture et à l'agroécologie, au point que certains agriculteurs permaculturels et agroécologistes méconnaissent les fondements de leur discipline et commettent des erreurs agronomiques.

À court terme, ces mauvaises compréhensions amèneront ces agriculteurs à relativiser puis à abandonner les objectifs de qualité des récoltes et de fertilité des terres propres à la permaculture et à l'agroécologie. Ils seront alors descendus aux standards de qualité de l'agriculture biologique labellisée, qui sont inférieurs aux standards fixés par les fondateurs de la permaculture et de l'agroécologie. Ce sera l'avortement précoce de ces deux formes d'agriculture, alors même que les pionniers les ont conçues pour être durables par-delà les modes de la société et de l'économie.

J'invite donc les agriculteurs permaculturels et agroécologistes, ainsi que le grand public, à lire les explications suivantes pour renouer avec la pensée originelle de Masanobu Fukuoka. Conscient que tous n'ont pas le temps ou l'envie de lire son ouvrage-clé, *La révolution d'un seul brin de paille*, Trédaniel, 2009[30], je vous en présente ici une synthèse organisée.

Synthèse de la pensée de Fukuoka

Point de départ

Partons d'une seule question : comment faire évoluer ses pratiques agricoles ? Que ce soit pour résoudre un problème de culture, pour s'adapter à nouvelle demande de la part des clients ou simplement par envie d'innover.

On peut interroger « l'humain » : on va se tourner vers les techniques et méthodes que d'autres personnes ont testées dans d'autres lieux et/ou en d'autres époques. On peut s'inspirer de techniques utilisées dans d'autres domaines. On peut se focaliser sur le matériel, les matériaux constitutifs, leur solidité, leur fiabilité, leur rendement, etc pour modifier, pour optimiser, pour augmenter les outils, les machines, les espaces de culture.

On peut aussi interroger la nature : on va alors chercher à mieux connaître la biologie de la plante concernée, sa physiologie, son écologie (son écosystème, c'est-à-dire toutes les autres espèces végétales et animales avec lesquelles elle interagit), l'écologie du sol. On se tourne donc vers les connaissances scientifiques.

Les quatre principes de Fukuoka

Se tourner vers l'humain et vers la nature sont les deux voies auxquelles on recourt habituellement afin de faire évoluer sa pratique agricole. Fukuoka en propose une troisième : la voie de la « connaissance non-discriminante ». Cette voie s'effectue via une contemplation quotidienne de la nature, jour après jour, mois après mois, année après année. Il s'agit de contempler la nature, le jardin, le champ, sans recourir à toutes nos catégories mentales, à toutes nos habitudes de penser. En faisant s'évanouir l'idée même d'humain et l'idée même de nature. On accède alors à une vision / réalisation / compréhension / connaissance globale (je ne trouve pas de terme totalement adéquat pour nommer ce genre d'expérience), où nature et humain ne sont plus séparés, et où la nature nous apparaît telle qu'elle est vraiment – telle que nous pouvons la voir une fois que nous sommes débarrassés de tout héritage culturel. Cette connaissance non-discriminante est le premier principe, substantielle, de l'agriculture inventée par Fukuoka.

C'est lors d'une expérience bouleversante qu'il a pris conscience de la nécessité de contempler ainsi la Nature, de la contempler comme si tout notre savoir accumulé depuis que la civilisation existe comptait pour rien. Fukuoka tomba malade alors qu'il travaillait encore en laboratoire. Éprouvé par une pneumonie, il fût admis à l'hôpital. Son état s'améliora et il put sortir. Fukuoka, encore faible, décida de partir se promener dans les collines surplombant la mer. Mais il s'évanouit. À son réveil, il vit un héron prendre son envol et traverser la baie. C'est alors qu'il eut une intuition fulgurante : qu'il ne savait rien ! Que la science, comme la tradition, compartimentent le réel pour l'expliquer. Et plus elles veulent expliquer le réel, plus elles le compartiment : phénomènes, sous-phénomènes, causes premières, causes secondaires, et ainsi de suite. Elles discriminent. Mais se faisant ni l'une ni l'autre ne parvient plus à saisir la nature dans sa totalité. Telle qu'elle est vraiment. Elles n'en saisissent plus que des petits bouts, qu'il est devenu impossible de rassembler à moins de rassembler tout le savoir traditionnel et tout le savoir universitaire ! Comme un puzzle dont on ne peut plus deviner l'image quand le nombre de pièces devient trop grand.

---

[30] Première édition au Japon en 1975, soit l'expérience de trente années de mise en pratique par Fukuoka depuis la fin de la guerre.

D'où le principe qui va lui permettre de fonder une nouvelle agriculture : il faut cultiver en utilisant un savoir qui nous vient de **l'observation non-discrimante**. Par des intuitions directes, dans notre esprit libéré de toutes les catégories mentales, de nouvelles façons de concevoir la plante, le champ, le sol, *tout ensemble à la fois*, surgissent et nous invitent à de nouvelles techniques. L'ensemble de ces techniques forme « l'agriculture sauvage ». Fukuoka, qui est certainement un méditant bouddhiste accompli en plus d'avoir travaillé comme chercheur en agronomie, va s'efforcer de pratiquer quotidiennement la pensée non-discriminante, à partir de 1945 et jusqu'à sa mort en 2009. Durant trente années (1975 est l'année de publication de son livre au Japon), il va tester les techniques que cette compréhension non-discriminante lui inspire[31].

Ainsi il va comprendre que, pour la nature, l'essentiel est de reconnaître **la forme naturelle des plantes**. Deuxième principe essentiel. Quelle est cette forme ? Comment se déploie-t-elle au cours d'un cycle naturel de vie ? Questions simples, mais il constate que la science et la tradition ont perdu de vue la forme naturelle des plantes. Ce faisant, les plantes sont faibles, sensibles aux maladies et aux prédateurs, et peu productives. Pour remédier à cela, Fukuoka explique qu'il faut, dans son propre champ, créer les conditions pour que la plante déploie sa forme naturelle.

Troisième principe : une fois comprise la forme naturelle, Fukuoka va comprendre comment **chaque plante participe à créer les conditions qui lui sont favorables**, à elle-même mais aussi à d'autres plantes, lors de son cycle de vie naturelle. C'est ce qu'on peut appeler « l'écogenèse »[32]. Il détermine quelles plantes peuvent pousser en même temps que le riz et les céréales d'hiver, afin de neutraliser les mauvaises herbes tout en enrichissant le sol. Il détermine que la paille du riz peut servir de couvre-sol pour la céréale d'hiver, et la paille de la céréale pour le riz, sans risquer de maladie pour aucune des deux cultures – alors que la tradition rejetait l'usage de la paille du riz parce qu'elle favorise les maladies du riz si utilisée comme couvre-sol pour du riz.

Pour ce qui est de l'humain, avec la pensée non-discriminante Fukuoka « voit » aussi que la simplicité, le fondamental, ont été perdus de vue par l'agriculture scientifique comme par la tradition agricole. Quatrième principe donc : laisser la plante prendre sa forme naturelle et tirer profit de l'écogenèse des cultures permet d'éliminer de nombreuses tâches agricoles tant traditionnelles que scientifiques modernes. C'est le volet du « non-agir » ; l'agriculture sauvage est également présentée par Fukuoka comme **l'agriculture du non-agir**. *On crée les conditions pour que la nature travaille à notre place.* Dans le système de Fukuoka, nul besoin de travailler le sol, de l'amender, d'enlever les mauvaises herbes ! Les cultures, les plantes compagnes, la couverture de sol, s'occupent de cela à la place de l'agriculteur. Et il reste à l'agriculteur encore beaucoup à faire : l'agriculture sauvage, donc la permaculture et l'agroécologie, ne sont pas des agricultures pour fainéants !

Connaissance non-discriminante, forme naturelle des plantes, écogenèse, non-agir : voilà les quatre principes essentiels de l'agriculture sauvage.

---

31 Il est intéressant de réunir ce qui est épars : Fukuoka et ... Bachelard. Mettons-les face à face. Bachelard nous dit, entre autre, que la méthode scientifique implique de refuser les préjugés, les jugements de valeur et les intuitions rapides. Fukuoka nous dit presque la même chose : la pensée non-discriminante implique de laisser de côté les préjugés qui viennent à la fois de la tradition et de la science. Tout ce qui vient de la tradition comme de la science est pour lui de l'ordre du préjugé. De même, la pensée non-discrimante implique de ne pas utiliser de jugement de valeur – c'est l'ephexis, telle que je la présente dans mon ouvrage *Quand la nuit vient au jardin*. Cela est indissociable de toute pratique de type méditative. Enfin, la pensée non-discriminante n'est pas une intuition rapide : au contraire elle ne peut résulter que d'une pratique répétée jour après jour, année après année. Fukuoka et Bachelard ont ceci en commun d'avoir été attirés par le rationalisme *et* par l'intuition / la perception du monde sans recours à l'intellect, deux attitudes que l'on présente pourtant souvent comme étant incompatibles.

32 Que j'ai maladroitement appelée « écogénicité » dans mon *cours théorique*.

Retour aux définitions

La permaculture et l'agroécologie par rapport à l'agriculture sauvage

Bill Molisson et David Holmgren fondent la *permaculture* en y ajoutant trois principes : pour chaque culture créer un micro-climat qui lui est favorable (nature du sol, hygrométrie, ensoleillement, vent), faire en sorte que les « déchets » de chaque culture soient utiles pour les autres cultures, et organiser l'espace de production (champ, verger, jardin, atelier, poulailler, maison) en fonction de la quantité de travail nécessaire à chaque micro-climat (ce qui nécessite beaucoup de travail doit être le plus proche de la maison ou de l'atelier). Le leitmotiv de la permaculture est « le tout est plus que la somme des parties ».

L'agroécologie, selon moi, est l'agriculture sauvage complétée par les connaissances écologiques, connaissances qui n'existaient quasiment pas avant les années 1970. Elles me semblent compatibles avec la pensée non-discriminante parce qu'elles sont globales : on prend en compte le champ, le jardin, le verger, dans leur totalité, sans recourir aux connaissances scientifiques pointues pour chacun des éléments qui composent l'agroécosystème. L'écologie est la science des relations.

Galvaudages

Avant de présenter une synthèse de l'expérience accumulée par Fukuoka, je vais préciser en quoi certains permaculteurs et agroécologistes galvaudent leur discipline.

Premier principe. On ne saurait exiger de tous la capacité à observer son champ de façon non-discriminante comme Fukuoka. Mais si l'agriculteur a à cœur de se rapprocher de son champ, de le connaître vraiment, en plus d'en avoir une compréhension écologique il doit apprendre à regarder son champ sans aucune idée en tête. Sans aucune pensée. À la manière d'un animal pourrais-je dire. Notre civilisation occidentale s'est grandement éloignée de cette forme de contemplation, au point que l'observation de la nature sauvage est devenu quasiment impossible. Pensez aux enfants, de France et d'Allemagne par exemple, qui ne voient jamais un arbre avec sa forme naturelle. Dans les haies, dans les forêts, dans les parcs, dans les jardins, les arbres sont toujours taillés d'une façon ou d'une autre, de sorte que les arbres ont la forme de l'idée de l'arbre. Et les enfants en viennent à assimiler l'idée à la réalité. Savez-vous regarder un arbre sans spontanément identifier et délimiter le tronc, les feuilles, les branches, les fleurs ? Même un arbre taillé. Essayez : rien que cela exige plusieurs mois d'apprentissage. Ensuite, passez à votre champ ou à votre jardin…

Deuxième principe. Pour ce qui est de la forme naturelle des plantes cultivées, parfois il est aisé et évident de la reconnaître, parfois cette forme s'est perdue via la sélection traditionnelle et/ou scientifique. Notamment pour toutes les plantes que l'on taille traditionnellement, il est impératif de se poser la question de la forme naturelle. Beaucoup de permaculteurs plantent des arbres dans leurs champs cultivés, mais ils les taillent de façon traditionnelle. Selon Fukuoka la taille entraîne faiblesses de l'arbre, sensibilité aux ravageurs, faible rendement et travail d'élagage. Ces permaculteurs ne réfléchissent pas aux essences à implanter en termes de complémentarité pour amener des pollinisateurs et des prédateurs naturels des ravageurs ; ils pensent en monoculture, alors que la permaculture est nécessairement une polyculture. Donc ils ne devraient pas se revendiquer permaculteurs, mais plus simplement agriculteurs traditionnels.

L'écogenèse est le principe le plus galvaudé, le plus oublié et pourtant il est très important. De ce principe découle l'inutilité des intrants ! Fukuoka n'utilisait aucun intrant. Aucun fumier, aucun compost, aucun amendement organique ou minéral et pourtant ses rendements étaient bons, étaient équivalents à ceux de l'agriculture chimique. Beaucoup de permaculteurs et d'agroécologistes importent des quantités considérables de fumier et de compost, voire d'autres amendements. Cela ne peut pas s'appeler de la permaculture ni de l'agroécologie. C'est trahir fortement la pensée de Fukuoka. La conséquence est considérable : cela déresponsabilise l'agriculteur quant à la gestion de la fertilité de son sol. Il n'en est plus responsable, il suffit de remettre du fumier chaque année ! Donc l'agriculteur ne fait pas l'effort de connaître son sol, de savoir comment chaque culture influence sa fertilité. De plus, cette matière organique amenée ici est matière organique qui manque là-bas. Qui n'est pas retournée à son sol d'origine, et ce sol là-bas va s'appauvrir. Ces permaculteurs qui s'en fichent d'être autonomes en matière pratiquent en fait l'agriculture dite « bio-intensive », telle qu'enseignée par Eliot Coleman, Jean-Martin Fortier et Charles et Perrine Hervé-Gruyer. Tous utilisent plusieurs dizaines de tonnes de fumier composté par an pour maintenir la fertilité de leurs sols. Cette agriculture biologique à fort rendement n'est pas durable. Donc elle ne peut pas être considérée comme une alternative sérieuse à l'agriculture chimique. Elle n'est pas assez basique ; l'agriculture doit être basique, et la base c'est l'équation de la vie. Si on renonce à ce principe sous prétexte de rendement ou de temps de travail, les mots permaculture et agroécologie deviennent des mots « fourre-tout ». C'est inacceptable, surtout en cette époque où les firmes agrochimiques prennent le contrôle de la majorité des terres arables sur le monde, pour les pulvériser de pesticides de toutes sortes et d'engrais de synthèse qui ruinent leur fertilité.

Quatrième principe de *parcimonie des tâches agricoles* (« non-agir »). J'ai vu un permaculteur qui a préparé son champ pour un sous-solage (travail du sol à -60, -80 cm) et par un labour conventionnel. Un autre encore a utilisé une pelleteuse pour faire des buttes de culture. Leur argument est que cela permet de gagner du temps, le projet permaculturel ayant été conçu l'année n et devant absolument démarrer l'année n+1. Je suppose que Fukuoka a été incinéré, mais ses cendres doivent se retourner dans leur urne ! Je n'ai qu'un seul problème avec cette façon de procéder : c'est l'appellation. Pourquoi vouloir s'appeler permaculteur et utiliser des techniques traditionnelles mécanisées, si ce n'est pour vendre ses récoltes plus chères ? C'est une tromperie. Hélas. La prise en main d'une terre, en permaculture et en agroécologie, se fait par la couverture du sol en hiver par du foin, des cartons ou des bâches, puis au printemps, après grattage superficiel, par un semis d'engrais vert (cf. mes cours pour plus de détails). Il y a aussi des permaculteurs ou des agroécologistes qui disposent de plusieurs milliers de mètres carré de serre. Or dans une serre, les conditions de croissance ne sont pas du tout naturelles. Là aussi, l'appellation est trompeuse à dessein : c'est de l'agriculture biologique tout simplement.

Bref, n'est pas permaculteur ou agroécologiste qui veut !

L'expérience de Fukuoka

J'ai classé son expérience par catégorie : pensée non-discriminante, forme naturelle des plantes, écogenèse et non agir, situation vis-à-vis de l'agriculture traditionnelle et chimique, aspects socio-économiques. Les numéros de page renvoient à l'édition citée. Mes interprétations, explications et développements sont précédés d'une flèche.

Les citations de Fukuoka feront sens, ou non, selon l'expérience agricole que vous possédez. Idéalement, pour le permaculteur et l'agroécologiste authentiques elles doivent toutes faire sens. Si ce n'est pas le cas, alors vous vous êtes écartés de la source. Où allez-vous, maintenant ? Êtes-vous certains que rogner les principes de Fukuoka, pour diverses raisons notamment celle de générer rapidement beaucoup d'argent, va vous permettre un rendement maximal et garantir la fertilité de votre sol ? Que voulez-vous ?

À dessein les citations ne sont pas exhaustives : il s'agit ici de renouer avec le fondamental. Mais toutes ces citations sont des invitations à agir ! La permaculture et l'agroécologie sont la transformation de ces mots en actions.

Pensée non-discrimante

4e de couverture (rédigé par un ancien stagiaire de Fukuoka) : ... une compréhension des interactions entre l'agriculture et les autres aspects de la culture japonaise. Il [Fukuoka] sent que l'agriculture sauvage a son origine dans la santé spirituelle de l'Homme.

p.14 : le but ultime de l'agriculture n'est pas la culture de récoltes mais la culture et la perfection des êtres humains

p.17 : il fait vivre ses stagiaires d'une manière primitive comme il a lui-même vécu ... car il croit que cette manière de vivre développe la sensibilité nécessaire pour faire de l'agriculture naturelle

p.37 : un héron nocturne apparut... s'envola au loin. Je pus entendre le battement de ses ailes. En un instant ... tout ce que j'avais tenu pour ferme conviction, tout ce qui avait l'habitude de me tranquilliser, était balayé par le vent. Je sentis que je comprenais juste une chose : ... que je ne comprenais rien. → Le savoir rationnel ne peut jamais tout expliquer de la Nature. Donc comment appréhender la nature de la façon la plus juste ? En se départissant de nos connaissances scientifiques et traditionnelles, pour voir la nature telle qu'elle est. C'est la connaissance non-discriminante.

p.111 : Fukuoka présente l'exemple de l'irrigation des champs avec des pompes électriques et le matériel en cascade que cela nécessite.→ Solutions matérielles, attention ! Quand il faut toujours plus de matériel, chaque matériel amène son lot de problèmes, problèmes qui requiert encore du matériel pour être résolus, et ainsi de suite. Le matériel appelle le matériel, et c'est sans fin. Il faut donc réduire au maximum le matériel nécessaire, mieux encore : se passer de matériel, *en ne créant pas les conditions qui le rendent nécessaire.*

p.129 : les aliments qui sont à proximité sont les meilleurs pour l'être humain et ceux pour lesquels il doit lutter sont pour lui les moins bénéfiques de tous.

p.149 : la nature saisie par la connaissance scientifique est une nature qui a été détruite ; c'est un fantôme avec un squelette mais sans âme. La nature telle que saisie par la philosophie est une théorie née de la spéculation, un fantôme avec une âme mais pas de structure. Il n'y a pas d'autre moyen d'atteindre la connaissance non-discriminante que l'intuition directe ... abandonnez l'esprit de discrimination. → Plus facile à dire qu'à faire, mais, pour ma part, je suis parvenu à cela pour ma prairie, qui est associée à mon jardin et qui me fournit le foin pour couvrir tout mon sol cultivé. Maintenant je la gère de façon optimale : elle produit du foin sans discontinuer et je n'y apporte aucun intrant.

p.181 : il y a du sens et de la satisfaction fondamentale rien qu'à vivre à la source des choses. La vie est chant et poésie.

Forme naturelle des plantes, écogenèse et non-agir

p.80-81 : la conformation de la plante, la forme des racines, l'espacement des nœuds sur la tige. Si l'on comprend ce qu'est la forme idéale, il ne s'agit plus que de savoir comment faire pousser une plante qui ait cette forme, dans les conditions particulières à son propre champ. → Forme naturelle de la plante au cours de son cycle de vie naturel, c'est-à-dire dans un environnement peu cultivé (Fukuoka observait les champs abandonnés).

p. 83 : semis de trèfle blanc, luzerne et radis daikon dans le futur verger.

p.84 : permettre à un arbre fruitier de suivre sa forme naturelle dès le début est le mieux. L'arbre portera chaque année des fruits et il n'est pas nécessaire de le tailler. → Pour conduire un verger d'arbres non taillés, Fukuoka a planté des essences non fruitières dans le verger même et implanté une couverture de sol spécifique. Non-taille, essences compagnes pour gérer maladies et prédateurs et enrichir le sol, couvert de sol améliorant la fertilité du sol et qui se resème tout seul sont les trois sous-principes du verger sauvage. La lecture du livre de Fukuoka est indispensable pour se familiariser avec cette méthode raffinée et qui doit être adaptée avec soin à votre verger.

p.85 : pour améliorer la terre du verger j'ai essayé plusieurs variétés d'arbres … acacia Morishima … faire pousser des arbres sans élagage, sans fertilisant ni pulvérisation chimique n'est possible que dans un environnement naturel. → La proximité d'une autoroute, d'une zone industrielle ou résidentielle interdit de facto l'agriculture sauvage, ou sinon la rend plus difficile, car les prédateurs naturels des parasites sont détruits ou détournés par les activités anthropiques. Les parasites vont de même migrer en grand nombre vers l'espace d'agriculture sauvage. Pour ma part, environné d'un bocage en lambeaux et de champs de maïs conventionnels, je constate que lorsque les ravageurs sont présents, ils pullulent et n'ont aucun prédateur naturel. Les pollinisateurs sont absents (aucune abeille commune n'est présente dans mon champ si je ne laisse pas pousser quelques pieds de phacélie, de même il n'y a aucune guêpe dans mon champ et dans les environs).

p.88 : plutôt que, pour améliorer la terre du verger, faire du compost ou répandre du bois … il faut mieux planter directement des arbres dans le verger. Qui attirent les pollinisateurs et brisent le vent. → Polyculture.

p.190 : En agriculture il y a peu de choses qui ne se laissent pas éliminer. Fertilisants préparés, herbicides, insecticides, machine – tout est inutile. Mais si on crée la condition qui les rend nécessaires, on a alors besoin du pouvoir de la science. → Je rajoute que Fukuoka ne travaille jamais son sol. Le non-travail du sol est un objectif vers lequel il faut tendre. Pour les graines qui ne se laissent pas enrober d'argile et simplement jeter sous le couvert de la culture arrivant à terme (semis sous couvert – ainsi procède Fukuoka), la préparation du lit de semence reste nécessaire, à la griffe ou au motoculteur. Pour les gros légumes plantés (courgettes, courges) seulement je parviens à me passer du travail du sol sur 15 cm avec un motoculteur.

Positionnement vis-à-vis des agricultures traditionnelles et chimiques

p.21 : Avec la méthode traditionnelle la condition du sol restera toujours la même. Le paysan obtient des rendements proportionnels à la quantité de fumier et de compost qu'il répand.

p.23 : En compensant la réduction de travail animal et humain [par des engrais chimiques et des pesticides] le nouveau système [scientifique] mina les réserves du sol.

p.43 : L'agriculture chimique qui utilise les résultats du travail de l'intelligence humaine était considérée comme supérieure. La question qui était toujours au fond de mon esprit était si oui ou non l'agriculture sauvage pouvait tenir tête à la science moderne. → J'invite, je le redis, tous les agroécologistes et permaculteurs à respecter les principes fondamentaux de leurs discipline, qui sont ceux inventés par Fukuoka, à les nommer correctement quand ils en parlent (j'ai lu des maraîchers expliquer faire des « semis de courges sous couvert de paille » pour dire qu'ils plantent des courges dans une terre paillée…) Nous devons savoir si oui ou non ces principes amènent du résultat. S'ils ne sont pas respectés, on ne peut pas évaluer leur validité. La question de Fukuoka demeurera sans réponse et son esprit viendra nous hanter dans nos rêves ! *Ainsi, Fukuoka savait qu'étaler de la paille enrichissait son sol : il le constatait. Mais dans les années 1950 la preuve scientifique écologique de ce processus n'avait pas encore été apportée.*

p.52 : Il y a toujours ceux qui essaient de mêler agriculture sauvage et scientifique, mais cette manière de penser manque totalement le but … l'agriculture sauvage demande un retour à la source de l'agriculture. Un seul pas qui écarte de la source ne peut être qu'un pas qui égare. → Vouloir mêler pesticides, plantes hybrides, forme naturelle et écogenèse par exemple, telle que cela est promu dans l'agroécologie selon la définition du ministère de l'agriculture, est un non-sens. C'est, pour le dire sans ambages, un galvaudage volontaire de l'agroécologie, pour que les producteurs de machines, de pesticides et de semences hybrides puissent continuer à faire des bénéfices. Personne n'est dupe. Autre question plus intéressante : l'agroécologie, qui est l'agriculture sauvage complétée par la science écologique, est-elle vouée à l'échec ? Comme expliqué, l'écologie est une science globale, qui ne découpe pas et n'isole pas les uns des autres les constituants du champ, mais au contraire qui étudie leurs interactions. Je veux croire que le couple écologie-agriculture sauvage est possible et pérenne quand le principe de non-discrimination demeure prioritaire. J'en ai fait l'expérience, positive, pour la gestion de ma prairie.

p.103 : Il paraît que les choses vont mieux quand le paysan applique les techniques scientifiques. Ceci ne signifie pas que la science doive venir à la rescousse parce que la fertilité naturelle est insuffisante par nature. Cela signifie que le recours est nécessaire parce que la fertilité naturelle a été détruite. En étendant de la paille, en faisant pousser du trèfle, en retournant au sol tous les résidus organiques, la terre arrive à posséder toutes les matières nutritives nécessaires au riz et aux céréales d'hiver dans le même champ chaque année.

→ Fumier, compost, assolement, engrais verts entre deux cultures et amendements sont inutiles. Il faut parvenir à ce que la terre se régénère en permanence, tout au long de l'année. Cela requiert effort d'observation, de réflexion et de conception de techniques agricoles à cette fin. Celui qui ne fait pas ces efforts n'est pas permaculteur ou agroécologiste. Aussi, l'idée d'exporter les sous-produits agricoles (paille, résidus de battage des grains) pour les vendre, économiquement sensée, est agronomiquement mauvaise. C'est ce qui ruine les sols. Il faut abandonner cette pratique.

p.190 : J'ai démontré dans mes champs que l'agriculture sauvage produit des récoltes comparables à celle de l'agriculture scientifique moderne. Si les résultats de mon agriculture passive, du non-agir, sont comparables à ceux de la science, pour un investissement bien moindre en travail et en ressources, où est alors le bénéfice de la technologie scientifique ? → Les preuves du succès de l'agriculture sauvage, de la permaculture et de l'agroécologie seront les preuves que l'agriculture conventionnelle guidée par des considérations de science chimique et de mécanique est superflue. Que cette énergie techno-scientifique peut être mise à profit pour d'autres objectifs. Nous devons sans cesse questionner l'utilité des techniques, des machines, des applications scientifiques, sans quoi les commerçants s'empressent de nous les vendre et les politiques de nous obliger à les acheter !

Aspects socio-économiques

p.51 : Chaque préfecture a testé l'ensemencement direct sans relever de contre-indication majeure. Pourquoi cette vérité ne s'est-elle pas répandue ? Car le monde est devenu trop spécialisé et les gens n'arrivent plus à se saisir des choses dans leur intégralité. → Il me semble que la société progresse positivement dans ce sens, depuis ces phrases de 1975, notamment pour ce qui est des liens agriculture – alimentation – santé – environnement.

p. 119 : Si on demande un prix élevé pour les aliments naturels, cela veut dire que le marchand prend un bénéfice excessif. En outre, si les aliments naturels sont chers, ils deviennent des aliments de luxe et les riches peuvent seuls se les offrir. → Aujourd'hui, les rendements de la main d'œuvre agricole sont sans commune mesure avec ceux de la main d'œuvre industrielle, qui fixent la valeur de la monnaie. Pour ma part, je renonce à ma retraite et accepte chiffre d'affaires de quatre euros par heure de travail, sans quoi je n'aurai pas de clientèle si je fixais mes prix afin d'obtenir l'équivalent du salaire horaire net d'un balayeur dans l'industrie ! Seuls quelques riches pourraient acheter mes produits. Notre société occidentale a un sérieux problème de conception du travail manuel, qu'elle compare sans cesse au travail effectué par les machines ! Alors que c'est incomparable parce qu'incommensurable.

p. 135 : Si chaque personne recevait un dixième d'hectare, soit un demi hectare pour une famille de cinq, ce serait plus qu'assez pour faire vivre la famille pendant l'année … beaucoup de temps pour le loisir et les activités sociales dans la communauté villageoise … pour faire de ce pays une terre heureuse et agréable. → « Une terre heureuse et agréable » : voilà une exigence simple que notre société a perdu de vue dans sa complexité économique.

p.138 : Sers la nature et tout ira bien. L'agriculture était un travail sacré. Quand l'humanité perdit cet idéal, l'agriculture moderne surgit. Quand le paysan commença à faire pousser des récoltes pour faire de l'argent, il oublia les principes réels de l'agriculture.

p.150 : Si l'on ne cherche plus à manger ce qui est agréable au goût, on peut goûter la vraie saveur de tout ce que l'on mange. Il est facile de servir les aliments simples d'une nourriture naturelle sur la table du repas, mais ceux qui peuvent vraiment aimer un tel festin sont peu nombreux. → Ne chercher que le plaisir en mangeant est incompatible avec l'agriculture sauvage, donc avec la permaculture et l'agroécologie. Ces agricultures ne peuvent pas nourrir les gens qui ne conçoivent l'alimentation que comme un moment de plaisir. Le plaisir est discrimination. Il faut une alimentation non-discriminante, comme prolongement de l'agriculture non-discriminante. Seulement ainsi peut-on parvenir à percevoir l'effet d'un aliment sur notre santé, en plus de son goût. Un permaculteur ou un agroécologiste qui fournissent un restaurant de gourmet est un non-sens. L'idée du goût, comme les connaissances scientifiques, comme les techniques, est une construction sociale dont il faut se départir. Il faut oser.

p.159 : Les nouilles de blé sont délicieuses, mais une tasse de nouilles instantanées d'un distributeur automatique a très mauvais goût. Cependant on ôte par la publicité l'idée qu'elles ont mauvais goût et beaucoup de gens en viennent à les trouver bonnes. → Depuis 1975 rien n'a changé.

p.163 : La science nutritionnelle occidentale ne fait pas l'effort d'ajuster l'alimentation au cycle naturel. L'alimentation qui en résulte conduit à isoler l'être humain de la nature. Une peur de la nature et un sentiment général d'insécurité en sont souvent le résultat malheureux.

p. 178 On dit qu'il n'y a pas de créature plus sage que l'être humain. En appliquant cette sagesse, les gens sont devenus des animaux capables de guerre nucléaire.

p.179 : Philosophie du non-agir. Un visiteur demande à Fukuoka : Quel serait le monde sans développement ? Pourquoi avez-vous besoin de vous développer ? Si la croissance économique s'élève de 5 % à 10 %, le bonheur va-t-il doubler ? Quel mal y a-t-il dans un taux de croissance de 0 %? N'est-ce pas un type d'économie plutôt stable ? Pourrait-il y avoir quelque chose de mieux que de vivre simplement et sans souci ? → Pour ma part, je voudrais combiner cela à l'effort technologique d'exploration de la Terre et de l'espace. Il y a dans l'Homme le calme et l'aventure : je crois que notre nature est duale.

p.185 : À l'origine les êtres humains n'avaient pas de but. Maintenant s'inventant un but ou un autre, ils luttent désespérément pour essayer de trouver le sens de la vie. C'est une lutte sans adversaire et sans repos. Il n'y a pas de but auquel l'Homme doive penser, ou à la recherche duquel il doive partir. On ferait bien de demander aux enfants si oui ou non une vie sans but est une vie dénuée de sens.

→ Fukuoka était un méditant accompli.

« Une agriculture durable commence par la terre, les plantes, la biodiversité et l'écologie. Elle ne commence pas par le chiffre d'affaires prévisionnel. Ça c'est de l'agriculture bancaire. »

Benoît R. SOREL

© 2018, Benoît R. Sorel

Edition : Books on Demand,
12/14 rond-Point des Champs-Elysées, 75008 Paris
Impression : BoD - Books on Demand, Norderstedt, Allemagne
ISBN : 9782322090679
Dépôt légal : novembre 2018

Couverture : photographies et conception
© Benoît R. Sorel

www.ingramcontent.com/pod-product-compliance
Lightning Source LLC
Chambersburg PA
CBHW081813220526
45470CB00006B/2307